上海市工程建设规范

公共建筑绿色设计标准

Green design standard for public building

DGJ 08—2143—2021
J 12671—2020

主编单位：同济大学建筑设计研究院（集团）有限公司
　　　　　华建集团华东建筑设计研究总院
批准部门：上海市住房和城乡建设管理委员会
施行日期：2021 年 6 月 1 日

同济大学出版社

2021　上海

图书在版编目(CIP)数据

公共建筑绿色设计标准/同济大学建筑设计研究院
(集团)有限公司,华建集团华东建筑设计研究总院主编
. —上海:同济大学出版社,2021.3
　　ISBN 978-7-5608-9810-0

　　Ⅰ.①公… Ⅱ.①同… ②华… Ⅲ.①公共建筑-生
态建筑-建筑设计-评价标准-上海 Ⅳ.①TU242-34

中国版本图书馆 CIP 数据核字(2021)第 038962 号

公共建筑绿色设计标准

同济大学建筑设计研究院(集团)有限公司
华建集团华东建筑设计研究总院　　　　　　主编

策划编辑　张平官
责任编辑　朱　勇
责任校对　徐春莲
封面设计　陈益平

出版发行　同济大学出版社　　www.tongjipress.com.cn
　　　　　　(地址:上海市四平路 1239 号　邮编:200092　电话:021-65985622)
经　　销　全国各地新华书店
印　　刷　浦江求真印务有限公司
开　　本　889mm×1194mm　1/32
印　　张　4.125
字　　数　111 000
版　　次　2021 年 3 月第 1 版　　2021 年 3 月第 1 次印刷
书　　号　ISBN 978-7-5608-9810-0
定　　价　40.00 元

上海市住房和城乡建设管理委员会文件

沪建标定〔2021〕62号

上海市住房和城乡建设管理委员会
关于批准《公共建筑绿色设计标准》为
上海市工程建设规范的通知

各有关单位：

由同济大学建筑设计研究院（集团）有限公司、华建集团华东建筑设计研究总院主编的《公共建筑绿色设计标准》，经我委审核，并报住房和城乡建设部同意备案（备案号为 J 12671—2020），现批准为上海市工程建设规范，统一编号为 DGJ 08—2143—2021，自 2021 年 6 月 1 日起实施。其中第 10.5.1 条为强制性条文。原《公共建筑绿色设计标准》（DGJ 08—2143—2018）同时废止。

本规范由上海市住房和城乡建设管理委员会负责管理，同济大学建筑设计研究院（集团）有限公司负责解释。

特此通知。

上海市住房和城乡建设管理委员会

二〇二一年一月二十八日

前　言

根据上海市住房和城乡建设管理委员会《关于印发〈2019 年上海市工程建设规范编制计划（第二批）〉的通知》（沪建标定〔2019〕558 号）的要求，由同济大学建筑设计研究院（集团）有限公司、华建集团华东建筑设计研究总院会同有关单位组成的编制组经广泛调查研究，认真总结近年来本市公共建筑绿色设计实践经验，参考有关绿色建筑评价标准，并在广泛征求意见的基础上，编制了本标准。

本标准的主要内容有：总则；术语；基本规定；绿色设计策划；场地规划与室外环境；建筑设计与室内环境；结构设计；给水排水设计；供暖、通风和空调设计；电气设计。

本次修订的主要技术内容是：①完善了绿色建筑策划内容与要求；②补充了安全耐久、室内外环境质量及环保材料的相关要求；③完善了建筑结构的绿色设计范围与内容；④进一步明确了水专业的系统设计，提出了海绵城市要求和低碳、节能措施；⑤明确了空气处理要求并强调了地下车库应设置与排风设备联动的一氧化碳浓度监测装置；⑥明确了电气设计及电气产品的安全、节能、防火和智能化的要求。

本标准中以黑体字标志的条文为强制性条文，必须严格执行。

各单位及相关人员在执行本标准过程中，如有意见和建议，请反馈至上海市住房和城乡建设管理委员会（地址：上海市大沽路 100 号；邮编：200003；E-mail：bzgl@zjw.sh.gov.cn），同济大学建筑设计研究院（集团）有限公司（地址：上海市四平路 1230 号；邮编：200092），或上海市建筑建材业市场管理总站（地址：上海市小木桥路 683 号；邮编：200032；E-mail：bzglk@zjw.sh.gov.cn）。

主 编 单 位：同济大学建筑设计研究院（集团）有限公司
　　　　　　华建集团华东建筑设计研究总院
参 编 单 位：上海市绿色建筑协会
　　　　　　上海市建筑科学研究院（集团）有限公司
主要起草人：车学娅　马伟骏　徐　桓　归谈纯　夏　林
　　　　　　耿耀明　张伯仑　王　晔　王　珏　蒋小易
　　　　　　马晓琼　王　颖　王君若　白燕峰　洪　辉
　　　　　　廖　琳　徐晓燕　岳志铁　李　纬　寇玉德
主要审查人：姜秀清　沈文渊　栗　新　朱伟民　李中一
　　　　　　徐　凤　高小平

上海市建筑建材业市场管理总站

目　次

Contents

1 总 则

1.0.1 为贯彻执行节约资源和保护环境的国家技术经济政策,推进本市建筑行业的可持续发展,规范公共建筑的绿色设计,制定本标准。

1.0.2 本标准适用于新建、改建、扩建公共建筑工程的绿色设计。

1.0.3 公共建筑绿色设计应统筹考虑公共建筑全寿命期内满足建筑功能和安全耐久、健康舒适、生活便利、资源节约(节能、节地、节水、节材)、环境宜居、保护自然环境之间的辩证关系,体现经济效益、社会效益和环境效益的统一。

1.0.4 公共建筑的绿色设计除应符合本标准的规定外,尚应符合国家、行业和本市现行有关标准的规定。

2 术 语

2.0.1 公共建筑绿色设计 green design of public building

在公共建筑设计中采用可持续发展的技术措施,在满足公共建筑结构安全和使用功能的基础上,实现建筑全寿命期内的资源节约和环境保护,为人们提供健康、适用和高效的使用空间。

2.0.2 总绿地面积 total green area

建筑用地内公共绿地、建筑旁绿地、公共服务设施所属绿地和道路绿地(即道路红线内的绿地)等各种形式绿地的总面积,包括满足植树绿化覆土要求、人员可通达的地下或半地下建筑的屋顶绿地和政府主管部门认可的可计入绿地率的屋顶、晒台的绿地及垂直绿化。

2.0.3 非传统水 non-conventional water

不同于传统地表水供水和地下水供水,包括雨水、河道水、再生水、海水等。

2.0.4 绿色能源 green energy

绿色能源也称清洁能源。狭义的绿色能源是指可再生能源,如太阳能、风能、地热能、生物能和海洋能等。这些能源消耗之后可以恢复补充,很少产生污染。广义的绿色能源是指在能源生产及其消费过程中对生态环境低污染或无污染的能源,如天然气、清洁煤和核能等。

2.0.5 可见光反射比 visible light reflectance

在可见光谱(380 nm~780 nm)范围内,玻璃或其他材料反射的光通量对入射的光通量之比。

2.0.6 环境敏感建筑物 environmentally sensitive buildings

对噪声、反射光、废气、废水等环境变化易产生反应的建筑,主要指住宅、学校、医院、疗养院、幼儿园、托儿所等建筑。

3 基本规定

3.0.1 公共建筑绿色设计应进行绿色建筑策划,明确绿色建筑目标。

3.0.2 公共建筑绿色设计应遵循因地制宜原则,结合本市的气候、资源、生态环境、经济、人文等特点进行,应符合本市城市规划管理的相关规定。

3.0.3 公共建筑绿色设计应综合考虑建筑全寿命期内的技术与经济特性,采用有利于促进建筑与环境可持续发展的场地、建筑形式、技术、设备和材料。

3.0.4 方案设计阶段应编制绿色建筑策划书,明确采用的主要绿色建筑技术。

3.0.5 初步设计阶段应编制绿色设计专篇。应明确绿色建筑设计目标和相应的绿色建筑设计策略,分专业阐述绿色建筑技术措施,材料选用和设备选型;宜明确所采用的绿色建筑技术增量成本。

3.0.6 施工图设计阶段应分专业编制绿色设计专篇,主要内容应包括:

    1 绿色建筑定位等级目标。

    2 绿色建筑的技术选项。

    3 相关材料的性能指标或设备的技术指标及其技术措施。

    4 绿色建筑各类评价指标自评分表。

3.0.7 建筑、结构、给排水、暖通和电气专业应紧密配合,结合公共建筑特点,选择适用、经济合理的绿色设计技术。

3.0.8 建筑设计应结合项目特点采用建筑信息模型(BIM)技术,并应用于建筑设计的全过程。

3.0.9 建筑设计应结合项目特点考虑工业化的建造方式,采用适合装配式建筑的标准化设计。

4 绿色设计策划

4.1 一般规定

4.1.1 公共建筑设计应在方案阶段进行绿色设计策划,绿色设计文件应体现在方案设计、初步设计和施工图设计等设计全过程中。

4.1.2 绿色设计策划应包括建筑的设计阶段和运营管理阶段。

4.1.3 绿色设计策划应包括下列内容:

1 前期调研。

2 项目定位与目标分析:

　　1) 项目自身特点和需求分析;

　　2) 达到的现行绿色建筑评价标准的相应等级;

　　3) 适宜的总体目标和分项目标、可实施的技术路线及相应的指标要求。

3 绿色建筑能源与资源高效利用的技术策略分析。

4 绿色建筑技术措施的经济、技术可行性分析。

4.2 建筑专业策划

4.2.1 前期调研应对场地条件、区域资源等进行调研。

1 场地条件调研应包括:对项目所在地的地理位置、周边物理和生态环境、道路交通、人流、绿地构成和市政基础设施等规划条件进行分析。提出远离污染源、保证日照条件、促进自然通风、满足公共交通、保护生态环境、改善场地声、光、热物理环境的技术措施。

2 区域资源调研应包括：对场地可再生能源利用、水资源、材料资源情况及建筑自身节能需求进行分析，以确认符合区域条件及建筑特点的能源利用节约方案。

4.2.2 建筑专业策划方案应包括下列内容：

1 结合项目自身特点及资源条件，对绿色建筑技术的选用进行对策分析。

2 远离污染源、保护生态环境的措施。

3 场地总平面的竖向设计及透水地面和控制场地雨水外排总量的规划。

4 改善室外声、光、热、风环境质量的措施及指标。

5 地下空间的合理利用。

6 公共交通及场地内机动车、非机动车停车规划。

7 装配式建筑的集成设计。

8 围护结构的保温隔热措施及指标。

9 可再生能源的利用。

10 绿色建材的利用。

11 自然采光和自然通风的措施。

12 建筑遮阳的技术分析和形式。

13 保证室内环境质量的措施及指标。

4.3 结构专业策划

4.3.1 结构设计方案应根据建筑物特点进行对比与分析，选择对环境影响小、资源消耗低、材料利用率高的结构体系，充分考虑安全耐久、节省材料、施工便捷、环境保护、技术先进等因素。

4.3.2 结构专业策划应包括下列内容：

1 设计使用年限。

2 地基基础设计方案。

3 结构选型及相适应的材料。

4 装配式建筑各单体预制率或装配率。

5 高强度结构材料的应用。

6 高耐久性建筑结构材料的应用。

4.4 给排水专业策划

4.4.1 前期调研应对区域水资源状况进行调查,遵循低质低用、高质高用的用水原则,对区域用水水量和水质进行估算与评价,合理规划和利用水资源。应采用合理的水处理技术与设施,提高非传统水资源循环利用率。

4.4.2 给排水专业策划方案应包括下列内容:

1 合理规划场地雨水径流,利用场地空间设置绿色雨水基础设施,通过雨水入渗、调蓄和回用等措施,实现开发后场地雨水的年径流总量和年径流污染控制。

2 对建筑与小区进行海绵城市设计规划。

3 制定雨水、河道水、再生水等非传统水的综合利用方案。

4 合理规划给排水系统设计,给排水管线宜与建筑结构分离。

5 当生活热水供应采用太阳能、地热等可再生能源或余热、废热时,应与建筑、暖通等相关专业配合制定综合利用方案,合理配置辅助加热系统。太阳能、地热等可再生能源的利用不得对周边环境造成不利影响。

4.4.3 应合理规划人工景观水体规模,根据景观水体的性质确定补水水质,并符合现行国家标准《民用建筑节水设计标准》GB 50555 和《建筑给水排水设计标准》GB 50015 的相关规定。

4.5 暖通空调专业策划

4.5.1 前期调研应包括下列内容：

1 项目所在地的常规能源供应情况，可供利用的余热（或废热）等资源条件。

2 适用的电力价格，当地电力供应部门能否给予分时电价等优惠政策。

3 适用的燃气价格，当地燃气供应部门能否给予优惠气价等政策，燃气参数及供应能力。

4 可供利用的可再生能源条件，包括项目场地与周边的可利用地表水资源、地埋管场地资源和其他可利用资源。

5 国家、上海市政府对公共建筑采用分布式供能系统和利用可再生能源的奖励、补贴政策。

4.5.2 暖通空调专业策划方案应包括下列内容：

1 空调冷热源形式及主要参数。

2 输配方式及主要参数、末端系统形式及区域划分。

3 设备与材料选用的安全性和耐久性。

4 健康舒适的室内环境质量指标。

5 便利生活的计量与控制要求。

6 适用的节约资源措施及节能技术。

7 避免污染源超标排放并创造宜居环境的技术措施。

8 能否采用能量回收系统的技术合理性分析。

9 是否适合采用蓄能空调系统、分布式供能系统以及利用可再生能源等的可行性分析。

4.6 电气专业策划

4.6.1 前期调研应对项目实施太阳能光伏发电、风力发电等可再生能源的可行性进行调查分析。

4.6.2 电气专业策划方案应包括下列内容：

1 确定合理的供配电系统并合理选择配变电所的设置位置及数量，优先选择符合功能要求的节能环保型电气设备及节能控制措施。

2 合理应用电气节能技术。

3 合理选择节能光源、灯具及其附件和照明控制方式，满足功能需求和照明技术指标。

4 对场地内的太阳能发电、风力发电等可再生能源进行评估，当技术、经济合理时，宜将太阳能发电、风力发电、冷热电联供等作为补充电力能源。

5 根据建筑功能、归属和运营等情况，建立建筑能耗监测管理系统，实现对水、电力、燃气、燃油、冷热源、可再生能源及其他用能类型的分类、分区、分户计量，对动力设备、照明与插座、空调、特殊用电等系统的用电能耗进行分项计量。

6 合理设置建筑智能化系统，评估设置建筑设备监控管理系统的可行性。

7 停车库（场）的电动车充电设施。

5 场地规划与室外环境

5.1 一般规定

5.1.1 总体规划的建筑容量控制指标和建筑间距、建筑物退让、建筑高度和景观控制、建筑基地的绿地率和停车等主要技术经济指标,应符合上海市城市规划管理的相关规定以及项目所在地区的控制性详细规划或修建性详细规划和建设项目选址意见的要求。

5.1.2 场地规划应考虑室外环境的质量,应根据项目环境影响评价报告提出的结论与建议,通过建筑布局改善总体环境,采取技术措施以确保场地安全。

5.1.3 有日照要求的公共建筑应满足自身日照要求,且不应影响相邻有日照要求的建筑。

5.2 规划与建筑布局

5.2.1 建筑容积率指标应满足规划控制要求,且不应小于0.5。

5.2.2 总平面设计中应合理布置绿化用地,建筑绿地率应符合城市规划和绿化主管部门的规定,位于地下室顶板上计入绿地率的绿化覆土厚度不应小于1.5 m,其中1/3的绿地面积应与地下室顶板以外的面积连接。绿化用地宜向社会开放。计算绿地面积应从距离外墙边线不少于1.0 m起算。

5.2.3 总平面规划布局应合理利用地下空间,地下建筑面积与建筑总用地面积的之比不宜小于0.6,且地下一层建筑面积与总用地面积的比率不宜大于0.8。

5.2.4 建筑总平面布置应避免污染物的排放对新建建筑自身或相邻环境敏感建筑产生影响。

5.2.5 应按规定设置生活垃圾容器间或垃圾压缩式收集站,并应符合环卫车辆装载及运输的要求。

5.3 交通组织与公共设施

5.3.1 总平面规划应结合所在地区的公共交通布局,基地人行出入口应结合公共交通站点布置,并宜在基地出入口和公交站点之间设置便捷的人行通道。

5.3.2 基地内人行道应采用无障碍设计,并应与基地外人行通道的无障碍设施连通。

5.3.3 停车场(库)布置应符合下列要求:

　　1 机动车、非机动车停车位指标及设置应符合现行上海市工程建设规范《建筑工程交通设计及停车库(场)设置标准》DGJ 08—7 的规定。

　　2 停车库(场)布置应考虑无障碍停车位,无障碍停车位指标应符合现行国家标准《无障碍设计规范》GB 50763 的相关规定。

　　3 宜采用机械式停车或停车楼方式。

　　4 非机动车库(场)设置位置应合理,方便出入,宜设置安全防盗监控设施。

　　5 机动车、非机动车停车库应按规定设置充电桩及相应设施。

5.3.4 会议、展览、健身、餐饮、车库、设备机房等公共设施或辅助设施宜集中布置、资源共享。基地内的公共设施、体育设施、活动场地、架空层、架空平台等公共空间宜满足对社会开放使用的要求。

5.4 室外环境

5.4.1 建筑立面采用玻璃幕墙应符合现行上海市工程建设规范《建筑幕墙工程技术标准》DG/TJ 08—56 和本市的相关规定：

1 幕墙采用的玻璃可见光反射比不应大于 15%，采用的非玻璃面板材料应为低反射亚光表面。

2 弧形建筑造型的玻璃幕墙应采取减少反射光影响的措施。

3 建筑的东、西向立面不宜设置连续大面积的玻璃幕墙，且不宜正对敏感建筑物的外墙窗口。

4 施工图设计应落实光反射环境影响的评估和论证意见。

5.4.2 室外夜景照明应符合现行行业标准《城市夜景照明设计规范》JGJ/T 163 有关光污染的限制规定，并应满足下列要求：

1 对玻璃幕墙建筑和表面材料反射比低于 0.2 的建筑，不应采用泛光照明。

2 对玻璃幕墙以及外立面透光面积较大或外墙被照面反射比低于 0.2 的建筑，宜选用内透光照明。

5.4.3 噪声敏感的建筑应远离噪声源，并在周边采取隔声降噪措施，宜根据隔声降噪措施进行噪声预测模拟分析。

5.4.4 建筑布局应有利于自然通风，应避免布局不当而影响人行、室外活动和建筑自然通风，宜通过对室外风环境的模拟分析调整优化总体布局。

5.4.5 场地设计可采取下列措施改善室外热环境：

1 种植高大乔木、设置绿化棚架为广场、人行道、庭院、游憩场和停车场等提供遮阴。

2 合理设置景观水池。

3 硬质铺装地面宜采用渗透地面，透水铺装的面积比例不应低于 50%。

5.5 绿化、场地与景观设计

5.5.1 场地绿化与景观环境可按下列要求设计：

1 场地水景应以自然软体为主,保证水质清洁,计入绿地率的水景面积不应大于总绿地面积的 30%。

2 应充分保护和利用场地内原有的树木、植被、地形和地貌景观。

3 每块集中绿地的面积不应小于 400 m²。

4 可进人活动休息绿地面积应大于等于总绿地面积的 30%。

5 绿地中的园路地坪面积不应大于总绿地面积的 15%,硬质景观小品面积不应大于总绿地面积的 5%,绿化种植面积不应小于总绿地面积的 70%。

6 空旷的活动、休息场地乔木覆盖率不宜小于该场地面积的 45%。应以落叶乔木为主,以保证活动和休息场地夏有庇荫、冬有日照。

7 建筑外墙宜采用垂直绿化,垂直绿化面积不应少于建筑外墙面积的 10%。

8 建筑屋顶宜采用种植屋面,可采用草坪式、组合式和花园式等屋顶绿化形式,屋顶绿化面积不应少于可绿化屋顶面积的 30%。

9 草坪式屋顶绿化覆土厚度不应小于 100 mm,组合式屋顶绿化平均覆土厚度不应小于 300 mm,花园式屋顶绿化平均覆土厚度不应小于 600 mm。

5.5.2 绿化种植种类应符合下列要求:

1 选择上海地区的适生植物和草种。

2 选择少维护、耐候性强、病虫害少、对人体无害的植物。

3 采用乔木、灌木和草坪结合的复层绿化,种植土土层应符合各类乔木、灌木、草本植物的生长条件。

4 下凹式绿地、植草沟、雨水花园应选用喜湿、耐淹、抗寒及抗污力强的植物品种。

5.5.3 室外活动场地、地面停车场和其他硬质铺地的设计应符合下列要求：

1 室外活动场地的铺装选用透水性铺装材料。

2 透水铺装面积不应小于硬质铺地面积的 50%。

3 植草砖的镂空率不应小于 40%。

4 透水铺装地面构造应采用渗水基础垫层。

5 透水铺装的地下室顶板覆土厚度不应小于 600 mm，且应坡向自然土壤。

6 透水铺装的地下室顶板采用反梁结构时，应设置反梁间贯通盲沟的预留孔洞，孔洞截面积不应小于 $0.1\ m^2$，并应有防堵塞措施。

5.5.4 基地内道路、广场地面设计标高宜高于周边绿地标高，绿地内设置的雨水口不应排向道路和广场。

5.5.5 下凹式绿地宜设置在集中绿地中。设置下凹式绿地时，其设计应符合下列规定：

1 下凹式绿地率不应低于 10%。

2 下凹式绿地边缘距离建筑物基础的水平距离不宜小于 3.0 m；当小于 3.0 m 时，应在其边缘设置厚度不小于 1.2 mm 的防水膜。

3 下凹式绿地的标高应低于周边铺装地面或道路 100 mm~200 mm。

4 下凹式绿地内应设置溢流雨水口，保证暴雨时径流的溢流排放，溢流雨水口顶部标高宜高于绿地 50 mm~100 mm。

5 当径流污染严重时，下凹式绿地的雨水进水口应设置拦污设施。

5.5.6 下凹式绿地不宜设置在地下室顶板之上；当设置在顶板之

上时,绿地覆土厚度不应小于 1.5m,且应采取相应的导水构造措施。

5.5.7 雨水花园应设置在集中绿地内,雨水花园周边应采取安全防护措施。

5.5.8 雨水花园设计应符合下列规定:

    1 雨水花园构造应在素土夯实之上设置排水层、填料层、过渡层、种植层、覆盖层、蓄水层。

    2 应选择设置在地势平坦、土壤排水性良好的场地,不得设置在供水系统或水井周边。

    3 雨水花园应设置溢流设施,溢流设施顶部宜低于汇水面 $50 \text{ mm} \sim 100 \text{ mm}$。

    4 雨水花园底部与地下水季节性高水位的距离不应小于 1.0 m;当不能满足要求时,应在底部敷设防渗材料。

    5 雨水花园应分散布置,面积宜为 $30 \text{ m}^2 \sim 40 \text{ m}^2$,蓄水层宜为 200 mm,边坡坡度宜为 $1/4$。

5.5.9 应结合场地雨水外排总量控制,合理选用场地及道路面层材料。

5.5.10 室外休息、活动场地应布置吸烟区,吸烟区应满足以下要求:

    1 位于建筑主要出入口的主导风下风向,与建筑出入口、新风进风口、设有开启扇的外窗以及儿童、老人专用活动场地的距离不小于 8.0 m。

    2 与绿植结合布置,并设置座椅和收集烟头的垃圾筒。

    3 设置导向标志和吸烟有害的警示标识。

6 建筑设计与室内环境

6.1 一般规定

6.1.1 建筑设计应按照被动措施优先的原则,优化建筑形体、空间布局、自然采光、自然通风、围护结构保温与隔热等,降低建筑供暖、空调和照明系统的能耗。

6.1.2 有日照要求的公共建筑主要朝向宜为南向或南偏东 30°至南偏西 30°范围内。

6.1.3 建筑造型应简约,应符合下列要求:

1 满足建筑使用功能要求,结构和构造应合理。

2 减少装饰性建筑构件的使用。

3 对具有太阳能利用、遮阳、立体绿化等功能的建筑室外构件,应与建筑一体化设计。

4 空调室外机位应与建筑物一体化设计,应满足空调室外机安装、维修的方便及安全要求。

6.1.4 建筑装修工程宜与建筑土建工程同步设计,装修设计应避免破坏和拆除已有的建筑构件及设施。

6.1.5 装配式建筑设计应遵循模数协调统一的设计原则进行标准化设计。

6.1.6 建筑室内空间设计应考虑使用功能的可变性,便于灵活分隔。

6.1.7 建筑设计选用的电梯应考虑节能运行。同一电梯厅内2台及以上垂直电梯应采取群控、变频调速或能量反馈等节能措施;自动扶梯、自动人行步道应采用变频感应启动等节能控制措施。

6.1.8 建筑采用太阳能热水、太阳能光伏发电系统技术时,应与建筑同步设计。

6.2 室内环境

6.2.1 主要功能房间的室内噪声级和建筑外墙、隔墙、楼板和门窗隔声性能应符合现行国家标准《民用建筑隔声设计规范》GB 50118 的规定。

6.2.2 电梯机房及井道不应贴邻有安静要求的房间布置,有噪声、振动的房间应远离有安静要求、人员长期工作的房间或场所;当相邻设置时,应采取有效的降噪减振措施,避免相邻空间的噪声干扰。

6.2.3 有观演、教学功能的厅堂、房间和其他有声学要求的重要房间,应进行专项声学设计。

6.2.4 建筑主要功能房间的建筑立面设计应防止装饰构件过多遮挡视线或影响自然通风和自然采光。

6.2.5 主要功能房间应有自然采光,其采光系数标准值应满足现行国家标准《建筑采光设计标准》GB 50033 的规定,主要功能房间采光系数达标的面积比例不宜小于 60%。

6.2.6 建筑设计可采用下列措施改善建筑室内自然采光效果:

　　1 大进深空间设置中庭、采光天井、面积适当的屋顶天窗等增强室内自然采光的措施。

　　2 无天然采光外窗或采光不足的房间,宜采用反光、导光设施将自然光线引入到室内。

　　3 控制建筑室内表面装修材料的反射比,顶棚面 0.70～0.90,墙面 0.50～0.80,地面 0.30～0.50。

6.2.7 建筑的主要功能房间应以自然通风为主,空间布局、剖面设计和外窗设置应有利于气流组织;过渡季节典型工况下,主要功能房间平均自然通风换气次数不小于 2 次/h 的面积比例不宜小于 60%。

6.2.8 地下空间宜引入自然采光和自然通风。

6.2.9 应根据建筑使用功能要求、卫生要求和供暖通风设计要求，合理设置送风、排风口位置，应符合以下规定：

    1 卫生间、餐厅、地下车库等区域的空气和污染物不应串通到其他空间。

    2 地下车库的室外排风口宜设于建筑下风向，且远离人员活动区域。

    3 餐饮厨房应设置排油烟道，且不应与其他风道共用。

6.3 围护结构

6.3.1 建筑物的窗墙面积比、屋顶透明部分面积、中庭透明屋顶面积、围护结构热工性能等，应符合现行上海市工程建设规范《公共建筑节能设计标准》DGJ 08—107 的规定。

6.3.2 外墙热工性能应满足现行上海市工程建设规范《公共建筑节能设计标准》DGJ 08—107 的规定限值。

6.3.3 屋面热工性能应满足现行上海市工程建设规范《公共建筑节能设计标准》DGJ 08—107 的规定限值。

6.3.4 架空楼板的热工性能应满足现行上海市工程建设规范《公共建筑节能设计标准》DGJ 08—107 的规定限值，保温层宜设置在楼板的板面，当保温层设在板底时，应采取防坠落的安全措施。

6.3.5 建筑外窗可开启面积不宜小于外窗面积的 30%，建筑幕墙可开启面积不应小于透光幕墙面积的 5% 或设置通风换气装置。

6.3.6 单一立面窗墙比不宜大于 0.5，外窗、透光幕墙的保温隔热设计应满足下列要求：

    1 金属外窗应采用多腔隔热金属型材。

    2 塑料外窗应采用多腔塑料型材。

    3 外窗、透光幕墙的遮阳系数、传热系数应符合现行上海市工程建设规范《公共建筑节能设计标准》DGJ 08—107 的相关规定。

    4 外窗或透明幕墙的气密性、水密性和抗风压的物理性能应与建筑定位品质相匹配。

6.3.7 建筑宜采用可调节外遮阳,可调节外遮阳设计可采用下列措施之一:

    1 卷帘活动外遮阳。

    2 活动横(竖)百叶外遮阳。

    3 伸缩式挑棚外遮阳。

    4 中空玻璃内置活动百叶遮阳。

    5 中空玻璃内置活动卷帘遮阳。

6.3.8 建筑遮阳设施应与建筑一体化设计。

6.4 建筑及装修用料

6.4.1 建筑设计不应采用国家和本市禁止和限制使用的建筑材料及制品。

6.4.2 室内装修采用的木地板及其他木质材料不应采用沥青、焦油类防腐防潮处理剂。

6.4.3 室内装修材料应符合下列要求:

    1 采用的天然花岗石、瓷质砖等宜为 A 类。

    2 采用的人造木板及饰面人造木板不宜低于 E_1 级标准,细木工板宜为 E_0 级。

    3 不应采用聚乙烯醇缩甲醛类胶粘剂。

    4 粘贴塑料地板时,不应采用溶剂型胶粘剂。

    5 室内防水工程不宜采用溶剂型防水涂料。

    6 非住宅类居住建筑室内防水工程不应采用溶剂型防水涂料。

6.4.4 建筑设计宜采用下列工业化建筑体系或工业化部品:

1 装配式混凝土结构、装配式钢结构和装配式木结构。

2 装配式隔墙、复合保温外墙。

3 成品栏杆、栏板、雨棚、门、窗、预制楼梯、预制空调板等建筑部品。

6.4.5 建筑内外装修应采用预拌混凝土和预拌砂浆。

6.4.6 建筑设计应首选具有绿色建材标识的材料,宜采用可再利用材料和可再循环材料。

6.4.7 建筑室内外装修用料、防水材料应结合建筑性质及使用要求,选用耐久性好的材料,宜明确材料的耐久使用年限要求。

6.5 建筑安全及防护

6.5.1 建筑围护结构的保温材料及保温系统选用应满足安全、耐久的使用要求,保温层应与建筑屋面、外墙和楼板等基层牢固连接,外墙外保温应有防开裂脱落措施。

6.5.2 应合理选用建筑门窗部品,宜选用干法施工安装的成品建筑外窗,应采取防外窗脱落的技术措施,门窗玻璃应选用安全玻璃。

6.5.3 建筑各对外出入口上方均应设置防坠物的水平防护设施。

6.5.4 幕墙玻璃应采用夹层玻璃或其他安全玻璃,玻璃幕墙建筑周边宜设置不小于5.0m宽的绿化缓冲隔离区,沿玻璃幕墙下方设置人员休息、活动区时,活动区上方应设置水平防护设施。

6.5.5 建筑出入口、平台、坡道、门厅、电梯厅、走道、楼梯踏步及厨房、卫生间、浴室等用水房间的楼地面均应采用防滑面层,并应满足相应的等级要求。

7 结构设计

7.1 一般规定

7.1.1 结构设计应在安全适用、经济合理、施工便捷的基础上,优先选用资源消耗少、环境影响小以及便于材料循环再利用的建筑结构体系。

7.1.2 建筑结构应满足承载力和建筑使用功能要求。建筑非结构构件、设备及附属设施等应连接牢固并能适应主体结构变形。

7.1.3 建筑结构形体及其构件布置应满足抗震概念设计的要求,不应采用严重不规则的建筑。对于特别不规则的建筑,应进行专门的研究和论证,采取特别的加强措施。

7.1.4 应优先选用本地建筑材料。

7.2 地基基础设计

7.2.1 地基基础设计应结合建筑所在地实际情况,依据勘察报告、结构特点及使用要求,综合考虑施工条件、场地环境和工程造价等因素,进行技术经济比较、基础方案比选,就地取材。

7.2.2 桩基宜优先采用预制桩。当采用钻孔灌注桩时,宜采用后注浆技术以提高承载力。

7.2.3 宜通过先期试桩确定单桩承载力。

7.2.4 对于受压为主的基础,当建筑设置地下室时,宜计算地下水的有利作用。

7.3 主体结构设计

7.3.1 结构设计宜合理提高建筑的抗震性能。对特别不规则的建筑,宜采用基于性能的抗震设计。

7.3.2 耐久性设计应符合下列要求:

1 混凝土结构:应符合现行国家标准《混凝土结构耐久性设计标准》GB/T 50476 的规定。

2 钢结构:当采用耐候钢时,宜符合现行国家标准《耐候结构钢》GB/T 4171 的规定;当采用镀锌钢件时,宜符合现行国家标准《金属覆盖层 钢铁制件热浸镀锌层技术要求及试验方法》GB/T 13912 的规定;当采用防腐涂层时,宜符合现行行业标准《建筑钢结构防腐蚀技术规程》JGJ/T 251 的规定。并在设计文件中明确其检修要求。

3 木结构:应采取可靠措施,防止木构件腐蚀或被虫蛀,确保达到设计使用年限。木构件的防护设计应满足现行国家标准《木结构设计标准》GB 5005 的规定。

7.3.3 在保证安全性与耐久性的前提下,宜进行结构抗震性能、体系、材料和构件优化设计。

7.3.4 采用高强建筑结构材料时,宜符合下列要求:

1 钢筋混凝土结构或混合结构中采用 400 MPa 级及以上强度等级的受力钢筋占受力钢筋总量的比例不应低于 85%。

2 80 m 以上高层建筑,竖向承重结构采用强度等级不低于 C50 的混凝土占竖向承重结构混凝土总量的比例不宜低于 50%。

3 钢结构或混合结构中钢结构部分 Q355 及以上高强钢材用量占钢材总量的比例不宜低于 50%。

7.3.5 钢结构中螺栓连接等非现场焊接节点占现场全部连接、拼接节点的数量比例不宜小于 50%。

7.3.6 应优先采用可再循环材料和可再利用材料。

7.4 装配式建筑

7.4.1 结构设计宜采用资源消耗少、环境影响小及适合工业化建造的装配式建筑结构体系。

7.4.2 实施装配式建筑的项目,建筑单体预制率或装配率不应低于本市的相关规定。

8 给水排水设计

8.1 一般规定

8.1.1 建筑给水排水设计应满足卫生安全、健康适用、高效完善、因地制宜和经济合理的要求。

8.1.2 建筑给水、热水及饮水、非传统水等的水质,应符合现行国家标准的有关规定。

8.1.3 建筑给水、热水、非传统水系统应根据分类、分项分别设置用水计量装置统计用水量。

8.2 系统设计

8.2.1 建筑用水标准不应大于现行国家标准《民用建筑节水设计标准》GB 50555 中节水用水定额的上限值与下限值的算术平均值。

8.2.2 用水点处供水压力不应小于用水器具要求的最低工作压力,且不应大于 0.20 MPa。当因建筑功能需要选用特殊水压要求的用水器具时,应符合现行国家有关标准的节水、节能规定。

8.2.3 给水管网应采取避免管网漏损的有效措施,管网漏损率不得大于 5%。

8.2.4 新建有集中热水系统设计要求的建筑,应核算可再生能源综合利用量,采用适宜的太阳能、空气源热泵或冷凝热回收等热水系统。

8.2.5 循环冷却水系统应合理采用节水技术。

8.2.6 绿化应采用喷灌、微灌等高效节水浇灌方式,并确定合理的浇灌制度。

8.2.7 室内地面冲洗不得采用高压水枪方式。

8.2.8 建筑给水排水管道和附属设施的显著位置应设置明显、清晰、连续的永久性标识。

8.2.9 敷设在有可能冰冻、结露等场所的管道应有防冻、防结露措施。

8.2.10 建筑给水、热水及饮水、非传统水等宜预留水质检测取样点。

8.3 器材与设备

8.3.1 生活用水器具及配件应符合下列规定:

1 水效等级不应低于 2 级。

2 便器构造内应自带整体存水弯,且水封深度不得小于 50 mm。

3 公用浴室应采用带恒温控制与温度显示功能的冷热水混合淋浴器,或设置用者付费的设施、带有无人自动关闭装置的淋浴器。

8.3.2 水泵应符合下列规定:

1 水泵应根据水泵 Q~H 特性曲线和管网水力计算进行选型,水泵效率不应小于现行国家标准《清水离心泵能效限定值及节能评价值》GB 19762 规定的泵节能评价值,水泵应在其高效区内运行。

2 水泵噪声级别不应小于现行国家标准《泵的噪声测量与评价方法》GB/T 29529 规定的 B 级,水泵振动级别不应小于现行国家标准《泵的振动测量与评价方法》GB/T 29531 规定的 B 级。

3 水泵房应采取防噪、减振措施。

8.3.3 冷却塔应符合下列规定：

　　1 冷却塔飘水率、冷却能力、耗电比应符合现行国家标准《节水型产品通用技术条件》GB/T 18870 的规定。

　　2 冷却塔噪声应符合现行国家标准《声环境质量标准》GB 3096 的规定，冷却塔环境噪声值不应大于 2 类声环境功能区的标准限值。

　　3 冷却塔应采取降噪、减振措施。

8.3.4 生活饮用水水池（箱）应符合下列规定：

　　1 应采用符合现行国家标准有关规定的成品水箱。

　　2 应采取保证储水不变质的措施。

8.3.5 水表应装设在观察方便、不被暴晒、不致冻结、不易受碰撞、不被任何液体及杂质所淹之处。远传水表应符合现行行业标准《民用建筑远传抄表系统》JG/T 162 的规定。

8.3.6 建筑给水排水应采用水力条件与密闭性能好、使用寿命长、耐腐蚀和安装连接方便可靠的管材和附件。

8.4 雨水控制及非传统水利用

8.4.1 雨水外排应采取径流总量和径流污染控制措施。

　　1 场地年径流总量控制率不宜小于60%。

　　2 场地年径流污染控制率不宜小于40%。

8.4.2 雨水控制应符合下列规定：

　　1 屋面雨水宜采用断接方式排至地面的生态设施。

　　2 雨水蓄水池、蓄水罐应在室外设置。

8.4.3 室外非亲水性水景应结合雨水利用设施进行设计。

8.4.4 非传统水必须在满足卫生安全要求条件下使用，不得对人身健康和建筑环境造成不利影响，并符合下列规定：

　　1 医院、老年人照料设施、托儿所及幼儿园、室内菜市场不得采用非传统水。

2 宿舍、旅馆、酒店式公寓的冲厕、停车库地面冲洗不宜采用非传统水。

3 绿化浇灌、道路浇洒等在使用非传统水时,应采取防止误饮、误用的措施。绿化喷灌不得采用非传统水。

8.4.5 冷却水补水使用非传统水时,应采取措施满足水质卫生安全要求。

9 供暖、通风和空调设计

9.1 一般规定

9.1.1 集中供暖通风空调系统的室内环境设计参数应符合下列规定：

1 除工艺要求严格规定外，集中供暖空调室内环境设计参数应符合现行国家标准《民用建筑供暖通风与空气调节设计规范》GB 50736 的要求；室内噪声级应符合现行国家标准《民用建筑隔声设计规范》GB 50118 的要求。

2 新风量应符合现行上海市地方标准《集中空调通风系统卫生管理规范》DB 31/405 的规定。

3 合理降低室内过渡区空间的温度设定标准。

9.1.2 供暖通风与空气调节设计应符合现行国家标准《民用建筑供暖通风与空气调节设计规范》GB 50736 和现行上海市工程建设规范《公共建筑节能设计标准》DGJ 08—107 中强制性条文的规定。

9.2 冷热源

9.2.1 空调与供暖系统冷热源的选择应结合方案阶段的绿色建筑策划，通过技术经济比较而合理确定，并应遵循下列原则：

1 优先采用可供利用的废热、电厂或其他工业余热作为热源。

2 合理利用可再生能源。

3 合理采用分布式热电冷联供技术。

4 合理采用蓄冷蓄热系统。

9.2.2 空调设备容量和数量的确定应符合下列规定：

1 空调冷热源、空气处理设备、空气与水输送设备的容量应以冷、热负荷和水力计算结果为依据。

2 冷热源设备的单台容量与台数应依据负荷特性合理配置，且空调冷源的部分负荷性能系数（IPLV）、电冷源综合性能系数（SCOP）应符合现行上海市工程建设规范《公共建筑节能设计标准》DGJ 08—107 的规定。

9.2.3 空调、供暖系统冷热源设备的能效值均应符合现行上海市工程建设规范《公共建筑节能设计标准》DGJ 08—107 中的相关规定。

9.2.4 建筑物有较大内区且过渡季和冬季内区有稳定和足够的余热量以及同时有供冷和供暖要求时，通过技术经济比较合理时，宜采用水环热泵等具有热回收功能的空调系统。

9.2.5 当建筑物在过渡季和冬季有供冷需求时，宜利用冷却塔提供空调冷水，并采取相应的防冻措施。

9.2.6 燃气锅炉热水系统宜采用冷凝热回收装置或冷凝式炉型，并配置比例调节控制的燃烧器。

9.3 水系统

9.3.1 空调水系统供回水温度的设计应满足下列要求：

1 除温湿度独立控制系统和空气源热泵系统外，电制冷空调冷水系统的供回水温差不应小于 6 ℃。

2 空调热水系统的供水温度不应高于 60 ℃。除利用低温废热、直燃型溴化锂吸收式机组或热泵系统外，空调热水系统的供回水温差不应小于 10 ℃。

9.3.2 在选配空调冷热水循环泵和供暖热水循环泵时，应计算循环水泵的耗电输冷(热)比 EC(H)R-a 和 EHR-h；EC(H)R-a 和 EHR-h 值应满足现行上海市工程建设规范《公共建筑节能设计标准》DGJ 08—107 中的相关规定。水泵效率应满足现行国家标准《清水离心泵能效定值及节能评价值》GB 19762 的节能评价值要求。

9.3.3 建筑物处于部分冷热负荷时和仅部分空间使用时,宜采取下列有效措施降低空调水系统能耗:

1 采用一级泵空调水系统时,在满足冷水机组安全运行的前提下,宜采用变频水泵。

2 在采用二级泵或多级泵系统时,负荷侧的水泵应采用变频水泵。

3 空调水系统设计时,应保证并联环路间的压力损失相对差额不大于 15%;超过时,应采取有效的水力平衡措施。

4 空调水系统宜优先采用高位开式膨胀水箱定压。

9.4 风系统

9.4.1 集中空调系统宜合理利用排风对新风进行预热(预冷)处理,降低新风负荷。

9.4.2 在过渡季和冬季,当房间有供冷需要时,应优先利用室外新风供冷。

9.4.3 空调系统宜根据服务区域的功能、建筑朝向、内区或外区等因素进行细分,并对系统进行分区控制。

9.4.4 在空调箱内应配置符合要求的粗、中效两级空气过滤装置。

9.4.5 通风、空调系统风机的单位风量耗功率应符合现行上海市工程建设规范《公共建筑节能设计标准》DGJ 08—107 中的相关规定。风机应满足现行国家标准《通风机能效限定值及能效等级》GB 19761 中节能评价值的要求。

9.4.6 产生异味或污染物的房间或区域,应设置机械通风系统,并维持与相邻房间的相对负压。排风应直接排到室外。产生油烟的餐饮类厨房的排风系统应设置油烟净化设备;厨房、垃圾间、隔油间等的排风系统应设置除异味装置。

9.4.7 机械通风与空调系统中的风机宜采用变流量运行控制,以保证控制对象在合理的范围内。

    1 全空气变风量空调机组的风机,应采用变频调速装置。

    2 服务于人员密集场所的单台风机风量大于 10 000 m^3/h 的空调机组,宜采用变频调速风机。

    3 机械通风系统的单台风机风量等于或大于 10 000 m^3/h 时,宜采用变频调速风机或多台运行的台数控制。

9.4.8 建筑内大型、特殊的中庭、体育馆、剧场、展厅、大宴会厅等,或对于气流组织有特殊要求的区域,应进行合理的气流组织分析。当室内空间高度不小于 10 m 且体积大于 10 000 m^3 时,宜采用辐射供暖供冷或分层空气调节系统。

9.5 计量与控制

9.5.1 空调与供暖系统,应进行监测与控制,包括冷热源、风系统、水系统等参数检测、参数与设备状态显示、自动控制、工况自动转换、能量计算以及中央监控管理等。监测与控制的方案应根据建筑功能、相关标准、系统类型等通过技术经济比较确定。

9.5.2 建筑物供暖通风空调系统能量计量宜符合下列规定:

    1 锅炉房、热力站和制冷机房的燃料消耗量、耗热量、供热量、供冷量及补水量应设置计量装置。

    2 采用集中冷源和热源时,在每栋楼的冷源和热源入口处或需要独立计量的用户单元,应设置冷量和热量计量装置。

    3 建筑物内部归属不同使用单位宜分别设置冷量、热量和燃气计量装置。建筑物内有独立计量要求的各部分应分别设置冷量、热量和燃气计量装置。

9.5.3 冷热源系统的自动控制应具备根据负荷变化、系统运行特性进行优化的策略。

9.5.4 排风热回收装置应设置温、湿度和阻力监测装置,并能将数据传送至中央控制系统。

9.5.5 公共建筑主要功能房间宜设置 PM_{10}、$PM_{2.5}$、CO_2浓度的空气质量监测系统;人员密度较大且密度随时间有规律变化的房间,空调系统宜根据 CO_2浓度采用新风需求控制。

9.5.6 设置机械通风的汽车库,通风系统运行应根据 CO 浓度采用通风量需求控制。

10　电气设计

10.1　一般规定

10.1.1　电气设备应采用安全可靠、节能环保的电气产品。严禁使用已被国家淘汰的电气产品。

10.1.2　照明产品、三相配电变压器、水泵、风机等设备应满足现行国家有关标准的节能评价值的要求。

10.1.3　建筑照明数量和质量、照明标准值和照明功率密度限值应符合现行国家标准《建筑照明设计标准》GB 50034 中的有关规定。

10.1.4　人员长期停留的场所应采用符合现行国家标准《灯和灯系统的光生物安全性》GB/T 20145 规定的无危险类照明产品。

10.1.5　选用 LED 照明产品的光输出波形的波动深度应满足现行国家标准《LED 室内照明应用技术要求》GB/T 31831 的规定。

10.1.6　电气设备设施及配件、附件的选用应考虑耐久性和适变性。

10.2　供配电系统

10.2.1　变电所、配电室应靠近用电负荷中心。

10.2.2　当采用太阳能光伏发电、风力发电作为补充电力能源时，应满足下列要求：

　　1　当场地的太阳能资源或风能资源丰富时，宜选择太阳能光伏发电系统或风力发电系统作为地下车库照明、公共走廊照明等能源。

2 优先采用并网型发电系统。

3 昼夜持续用电负荷宜采用风光互补发电系统。

4 当不宜大规模使用太阳能光伏发电系统或风力发电系统时,可采用太阳能草坪灯、太阳能庭院灯、太阳能路灯、太阳能显示牌等小型独立太阳能光伏发电产品或风光互补型产品。

5 应采用通过当地供电局或国家相关检验部门认可的光伏发电系统和风力发电系统。

6 采用可再生能源时,应避免造成环境、景观及安全的影响。

10.2.3 当使用燃气冷热电联供系统时,应符合现行国家标准《燃气冷热电联供工程技术规程》GB 51131 的规定,并满足下列要求:

1 冷热电联供电站发电量宜根据项目实际使用情况确定,供电负荷容量不足部分由外网供给。

2 联供电站宜选择在 10 kV 电压系统接入电网,在 10 kV 电网上实现电力平衡。

3 联网运行的系统应设有"解列"措施,以保证电力系统或发电机组发生故障时,能将故障限制在最小的范围内。

10.2.4 供配电电磁兼容对电磁环境的影响应符合现行国家标准《建筑电气工程电磁兼容技术规范》GB 51204 的相关规定。

10.2.5 停车库(场)应根据国家和本市标准要求设置电动车充电设施。

10.3 照明系统

10.3.1 应根据建筑的照明要求,合理利用天然采光。

10.3.2 照明控制系统设计应满足下列要求:

1 应根据建筑物的建筑特点、建筑功能、建筑标准、使用要求等具体情况,对照明系统进行分散与集中、手动与自动相结合的控制。

2 对于功能复杂、照明环境要求高的公共建筑(如剧院、博物馆、美术馆等),宜采用智能照明控制系统,智能照明系统应具有相对的独立性,并作为建筑设备监控系统的子系统,应与建筑设备监控系统设有通信接口。

3 设置智能照明控制系统时,在有自然采光的区域,宜设置随室外自然光的变化自动控制或调节人工照明照度的装置。

4 当公共建筑物不采用专用智能照明控制系统而设置建筑设备监控系统时,公共区域的照明应纳入建筑设备监控系统的控制范围。

5 公共区域的照明系统应采用分区、定时、感应等节能控制。

6 各类房间内灯具数量不少于 2 个时,应分组控制,并应采取合理的人工照明布置及控制措施。具有天然采光的区域,应能独立控制。

10.3.3 应根据项目规模、功能特点、建设标准、视觉作业要求等因素,确定合理的照度指标。照度指标为 300 lx 及以上且功能明确的房间或场所,宜采用一般照明和局部照明相结合的方式。

10.3.4 除有特殊要求的场所外,应选用高效照明光源、高效节能灯具及其节能附件。

10.3.5 照明设计中,应严格控制光污染,应符合现行国家标准《建筑照明设计标准》GB 50034 及现行行业标准《城市夜景照明设计规范》JGJ/T 163 的相关规定。

10.4 电气设备节能

10.4.1 变压器选择应满足下列要求:

1 应选择低损耗、低噪声的节能变压器,所选节能型变压器应达到现行国家标准《电力变压器能效限定值及能效等级》GB 20052 中规定的能效限定值及能效等级的要求。

2 配电变压器应选用[D，Yn11]结线组别的变压器，且长期工作负载率不宜大于 75%。

10.4.2 垂直电梯的选择应满足下列要求：

1 应根据建筑物的性质、楼层、服务对象和功能要求，进行电梯客流分析，合理确定电梯的型号、台数、配置方案、运行速度、信号控制和管理方案，提高运行效率。

2 垂直电梯应采用高效电机，并采取变频调速或能量反馈等节能措施，同一部位 2 台及以上垂直电梯应采取群控节能措施。

10.4.3 自动扶梯选择应满足下列要求：

1 应根据建筑物的性质、服务对象，确定扶梯、自动人行道的运送能力，合理确定设备型号、台数。

2 应采用高效电机，并采用变频调速控制等节能控制。

3 自动扶梯与自动人行道应设置人体感应装置以控制自动扶梯与自动人行道的启停。在空载运行一段时间后，应能处在暂停或低速运行状态。

10.5 计量与智能化

10.5.1 新建大型公共建筑和政府办公建筑应建立建筑能耗监测管理系统，对水、电力、燃气、燃油、集中供热、集中供冷、可再生能源及其他用能类型进行分类和分项计量。

10.5.2 改建和扩建的公共建筑，对照明、电梯、空调、给水排水等系统的用电能耗宜进行分项、分区、分户的计量。

10.5.3 能耗计量系统的设置应符合现行上海市工程建设规范《公共建筑用能监测系统工程技术规范》DGJ 08—2068 的规定。大型公共建筑和政府办公建筑建立的建筑能耗计量系统应向上级平台发送建筑能耗数据。

10.5.4 大型公共建筑中应设置建筑设备监控管理系统,对照明、空调、给排水、电梯等设备进行运行控制和管理。

10.5.5 建筑智能化系统设计应满足现行国家标准《智能建筑设计标准》GB 50314 的有关要求。建筑智能化服务系统应具有接入智慧城市(城区、社区)的功能。

10.5.6 建筑能耗监测管理系统应实现对建筑能耗的监测和数据分析。

本标准用词说明

1 为便于在执行本标准条文时区别对待,对要求严格程度不同的用词说明如下:

1) 表示很严格,非这样做不可的用词:
正面词采用"必须";
反面词采用"严禁"。

2) 表示严格,在正常情况下均应这样做的用词:
正面词采用"应";
反面词采用"不应"或"不得"。

3) 表示允许稍有选择,在条件许可时首先应这样做的用词:
正面词采用"宜";
反面词采用"不宜"。

4) 表示有选择,在一定条件下可以这样做的用词,采用"可"。

2 标准中指明应按其他有关标准执行时,写法为:"应符合……的规定(或要求)"或"应按……执行"。

引用标准名录

1 《民用建筑节水设计标准》GB 50555

2 《建筑给水排水设计标准》GB 50015

3 《无障碍设计规范》GB 50763

4 《民用建筑隔声设计规范》GB 50118

5 《建筑采光设计标准》GB 50033

6 《建筑抗震设计规范》GB 50011

7 《混凝土结构耐久性设计标准》GB/T 50476

8 《耐候结构钢》GB/T 4171

9 《金属覆盖层　钢铁制件热浸镀锌层技术要求及试验方法》
　　GB/T 13912

10 《木结构设计标准》GB 5005

11 《清水离心泵能效限定值及节能评价值》GB 19762

12 《泵的噪声测量与评价方法》GB/T 29529

13 《泵的振动测量与评价方法》GB/T 29531

14 《节水型产品通用技术条件》GB/T 18870

15 《声环境质量标准》GB 3096

16 《民用建筑供暖通风与空气调节设计规范》GB 50736

17 《通风机能效限定值及能效等级》GB 19761

18 《建筑照明设计标准》GB 50034

19 《灯和灯系统的光生物安全性》GB/T 20145

20 《LED 室内照明应用技术要求》GB/T 31831

21 《燃气冷热电联供工程技术规程》GB 51131

22 《建筑电气工程电磁兼容技术规范》GB 51204

23 《电力变压器能效限定值及能效等级》GB 20052

24 《智能建筑设计标准》GB 50314

25 《城市夜景照明设计规范》JGJ/T 163

26 《建筑钢结构防腐蚀技术规程》JGJ/T 251

27 《民用建筑远传抄表系统》JG/T 162

28 《建筑工程交通设计及停车库(场)设置标准》DGJ 08—7

29 《建筑幕墙工程技术标准》DG/TJ 08—56

30 《公共建筑节能设计标准》DGJ 08—107

31 《集中空调通风系统卫生管理规范》DB 31/405

32 《公共建筑用能监测系统工程技术规范》DGJ 08—2068

上海市工程建设规范

公共建筑绿色设计标准

DGJ 08—2143—2021
J 12671—2020

条 文 说 明

2021　上海

目　次

Contents

1 总　则

1.0.2　本标准的公共建筑是指除住宅以外的所有民用建筑,包括公共性质的非住宅类的居住建筑,如酒店式公寓、公寓式酒店、宿舍、招待所、幼儿园、托儿所、养老院和疗养院的住宿楼等。凡是创建绿色星级建筑的各类公共建筑,均应按本标准要求设计。

3 基本规定

3.0.1　绿色设计是指采用可持续发展的技术措施进行的建筑设计。可持续发展的技术措施与建筑的规模、性能、品质和经济造价有关,应针对公共建筑的特点综合考虑建筑安全、耐久、经济、美观、实用等因素,进行绿色策划,确定合理的定位目标,避免因片面追求过高的星级而造成不必要的浪费。绿色设计策划是建筑设计方案阶段必要的内容。

3.0.2　城市总体规划确定了各类用地性质,建筑用地得到城市土地和规划管理部门批准,按照城市规划管理相关规定进行建筑设计,是判断场地建设有否破坏当地文物、自然生态、基本农田的基本条件;在场地设计中,新建建筑所在区域的控制性详细规划同样是绿色建筑在场地设计中必须遵守的规定。

3.0.3　绿色设计应综合考虑在建筑设计使用年限内所采用技术的合理性和经济性,有些技术、设备和材料虽然初期投入的成本较低,但在建成后运营中维护、管理成本会很高,不能充分发挥作用的技术其实也是一种浪费;而有些技术、设备和材料虽然初期成本较高,但却减少了运营使用中的维护成本,提高了使用效率,故综合分析比较非常重要。建筑的形式更应考虑其与环境的适应性及内部平面空间利用的合理性。

3.0.4　绿色建筑策划书应由建筑设计单位编制或由设计单位与绿色建筑专业咨询机构共同编制。在项目建议书阶段、工程可行性研究阶段或投标的方案设计应根据需求进行绿色设计策划,所编制的绿色设计策划书,也可作为项目建议书、可行性研究报告、投标方案或方案设计说明中的绿色设计专篇,并应在投资总额中计入绿色技术的经济造价。

3.0.5 对于确立绿色建筑定位目标等级的建筑项目,绿色设计应作为初步设计中专项设计内容之一,在初步设计中由建筑专业牵头,汇总各专业的技术措施,统一编制绿色设计专篇。本阶段的绿色设计专篇,是满足编制施工图设计文件的需要和初步设计审批的需要。

根据《建筑工程设计文件编制深度规定(2016 年版)》第 1.0.4 条"当有关主管部门在初步设计阶段没有审查要求,且合同中没有作初步设计的约定时,可在方案设计审批后直接进入施工图设计"的规定,对于没有初步设计阶段审查要求的工程项目,可不编制初步设计阶段的绿色设计专篇。

3.0.6 施工图设计阶段,各专业应结合各自独立的施工图设计说明,按专业编制专项说明,明确各专业设计应落实的技术措施。

4 绿色设计策划

4.1 一般规定

4.1.1 建筑设计方案阶段是建筑设计的第一阶段,项目分析、场地分析、功能分析、材料分析等是建筑设计方案阶段不可缺少的实施步骤,对于具有绿色建筑目标的项目,应在上述分析中同步进行绿色设计策划,确定建筑设计方向、技术路线和概算投资控制,以确保绿色设计真正融合在建筑设计的全过程中。

4.1.2 对建筑的绿色设计而言,不存在设计标识和运营标识之分,绿色设计是在满足建筑功能的基础上,实现建筑全寿命周期内的资源节约和环境保护,为人们提供健康、适用和高效的使用空间;绿色建筑的策划不应仅停留在设计阶段,设计阶段提出的绿色建筑技术措施,最终是为了落实在运营管理阶段,同步策划建筑设计和运营管理的绿色技术措施,通过设计解决运营管理阶段可能会出现的问题,为运营管理打下基础,应避免"贴标"式的绿色策划。

4.1.3 我国的绿色建筑可分为一星级、二星级和三星级标准,不同星级的要求采用的绿色技术及经济成本或有区别。前期调研收集资料,可有针对性地确立绿色建筑的定位与目标,根据目标定位选用绿色建筑技术,通过技术经济可行性分析以满足投资概算的控制,绿色设计策划内容相互关联,缺一不可。

4.2 建筑专业策划

4.2.2 建筑专业策划包括总平面设计及建筑单体设计。应根据项目自身特点和场地周边可再生能源、公共服务配套设施、市政设施等资源条件和资金投入,对绿色技术的选用进行权衡分析,充分利用自身具备的有利条件,并应重点考虑运营维护的可操作性、建筑性能的品质、使用者的感受等,选用适宜的绿色技术,突出项目的绿色重点,确定绿色建筑的策略。场地污染源不仅有用地本身及周边的影响,公共建筑本身也会因空调、供暖、停车、餐饮、医疗、实验等使用功能产生新的污染源,如废气、废水、废物和垃圾等,应采取有效的措施;公共建筑采用玻璃幕墙以及夜间的景观照明都会对周边环境造成反射光影响,在前期的策划方案中应明确具体措施,保证室外环境质量;场地交通组织不仅应考虑基地内的道路和停车场布置,还应根据场地周边的公共交通站点设置情况,合理确定基地人行出入口位置,就近到达公交站点。装配式建筑是由结构系统、外围护系统、设备与管线系统、内装系统的主要部分采用预制部件部品集成的建筑,绿色建筑策划中提到的装配式建筑的集成设计,即结构系统、外围护系统、设备与管线系统、内装系统一体化的设计。围护结构的保温隔热应根据条件对满足现行节能设计标准还是提高标准进行策划,并应考虑相应的技术措施;公共建筑的可再生能源利用主要是太阳能热水系统、太阳能发电和土壤源热泵系统,可再生能源利用应符合本市相关的节能条例要求,并应与建筑使用功能相适应,确保技术落地及运行的可操作性。建筑策划应综合相关专业技术措施进行一体化设计,需根据绿色建筑等级目标,结合项目特点、使用功能、经济造价等合理确定总平面设计和建筑单体相应的技术选项及相应的评价得分。

4.3 结构专业策划

4.3.2 建筑结构设计应落实本市装配式建筑的相关政策要求。在公共建筑的绿色设计中,结构体系选型应与可工业化建造的装配式建筑相适应,满足装配式建筑指标要求。装配式建筑可根据经济技术条件选择装配式混凝土结构、装配式钢结构和装配式木结构。

4.4 给排水专业策划

4.4.1 水资源状况与当地的区域地理条件、气候条件、城市发展状况等密切相关。应在区域规划的同时,对当地的水资源状况、水量和水质进行调查、估算与评价,以提高水资源的利用率。

4.4.2 上海属于水质型缺水地区,可再生利用的水资源包括雨水、河道水和中水等。非传统水资源的利用应优先考虑雨水资源的利用。当采用河道水作为原水时,应调查河道枯水期的水质,确定合理的水处理工艺。条文强调,在规划可再生能源利用时,应重视可能出现的对周边环境的不利影响。

海绵城市设计需要规划、建筑、给排水、景观等多工种协调配合完成。《上海市建设项目设计文件海绵专篇(章)编制深度(试行)》对方案阶段不同建设规模的建筑与小区海绵城市设计文件编制深度作了明确规定:用地面积大于 2 万 m² 或有海绵城市示范要求的项目,方案设计成果应包括项目方案设计海绵专篇(章)和设计海绵部分图纸。用地面积小于 2 万 m² 且无海绵城市示范要求的项目,方案设计阶段宜提供海绵专篇(章)。

4.4.3 应根据非传统水供应情况,合理规划人工景观水体规模,并进行水量平衡计算。当有多种可利用的非传统水资源时,应优先采用雨水作为补充水。国家标准《建筑给水排水设计标准》GB 50015—2019 第 3.12.1 条对亲水性水景和非亲水性水景的水质标准作了明确规定。该条文第 3 款规定:亲水性水景的补充水水质,应符合国家现行相关标准的规定。

4.5 暖通空调专业策划

4.5.1 常规能源条件包括电力、燃油、燃气、区域集中供冷供热等。

如考虑采用蓄能空调系统，应根据空调总冷（热）负荷的估算值和空调系统的运行时间及运行特点，按照现行行业标准《蓄冷空调工程技术规程》JGJ 158 的规定，对项目所在地的电力供应情况和分时电价政策进行调查。

如考虑采用分布式供能系统及热电冷联供技术，应按照现行国家标准《燃气冷热电联供工程技术规范》GB 51131 和现行上海市工程建设规范《燃气分布式供能系统工程技术规程》DG/TJ 08—115 的技术要求，对项目所在地的燃气供应情况和燃气价格进行调查。

可再生能源利用，如考虑采用地源热泵空调系统，应按照现行国家标准《地源热泵系统工程技术规程》GB 50366 和现行上海市工程建设规范《地源热泵系统工程技术规程》DG/TJ 08—2119 的规定，在地源热泵系统方案设计前，进行工程场地状况调研，宜结合工程地质勘探，对浅层地热能资源条件进行初步分析。

地表水资源种类包括江、河、湖水以及污水等。

4.5.2 空调能量回收系统形式包括空调冷凝热回收（空调水侧）、空调排风热回收（空调风侧）等。

如考虑采用蓄能空调系统或分布式供能系统，宜初步分析全年空调负荷特点，研究系统配置方案和运行策略，做初投资和运行费用的经济性分析。

宜策划优先利用可再生能源的系统形式。如考虑采用地源热泵空调系统，宜初步分析项目所在地已有的浅层地热能资源资料；当考虑采用土壤源热泵形式时，宜初步了解可供埋管的场地情况，作为可行性研究报告的有效依据。

4.6 电气专业策划

4.6.1 太阳能光伏发电、风力发电是最常用的可再生能源的利用。冷热电联供具有靠近用户、梯级利用、一次能源利用效率高、环境友好、能源供应安全可靠等特点,是一种成熟的能源综合利用技术,该技术的应用将配合空调动力专业进行前期调研。

前期调研时应结合项目特点及设施地区的可再生能源状况进行深入调查分析,对建筑外观,环境质量影响作出正确的评估,需要与建筑进行一体化设计,通过技术经济分析确定是否采用此类技术。

4.6.2 在方案策划阶段应制定合理的供配电系统、智能化系统方案,优先利用市政提供的可再生能源,并尽量设置变配电所和配电间居于用电负荷中心,合理规划电气线路,减少线路损耗,提高供电质量,优先选择符合功能要求的效率高、损耗低的节能技术和电气设备,确保绿色设计真正融合在整个设计过程之中,保证绿色设计的技术、经济可行性,建筑、结构、机电设备各专业协调一致,保证绿色技术的落实。

LED半导体照明节能效果明显,已得到越来越多的重视和应用,如何满足功能的需求和确保照明效果是电气方案策划的重要内容,应对LED半导体照明光源、灯具和照明控制方式等技术和经济性进行评估,合理选择成熟的LED半导体照明产品,满足所要求的照明技术指标。

当建筑所处环境适合太阳能发电、风力发电等绿色能源的应用时,可通过技术经济分析确定是否采用此类技术。

公共电网通常比用户自备的电源更为经济也更为可靠,故正常情况下应把公共电网作为常用电源,可再生能源和冷热电联供发电仅作为补充电力能源。

当项目地块采用太阳能光伏发电、风力发电系统、冷热电联供时,应征得有关部门的同意,优先采用并网型系统。

根据建筑功能特点和运营情况,实行能源消费分户、分类、分项计量,评估设置建筑设备监控管理系统的可行性,能更好地实现绿色建筑高效利用资源、灵活管理、应用方便、安全舒适等要求,并可达到节约能源的目的。

电动车充电设施包括电动汽车和电动非机动车,充电设施的配电设计应符合国家和本市现行标准的要求。

5 场地规划与室外环境

5.1 一般规定

5.1.1 本条对应于现行国家标准《绿色建筑评价标准》GB 50378 中选址合规的控制项。公共建筑设计中有关容积率、绿地率、建筑密度、建筑总量等技术经济指标是由城市规划管理部门确定的,这些技术经济指标是绿色建筑设计的基本要求,建筑设计中只能优于规划提出的指标而不允许降低指标,凡是不满足城市规划管理技术规定要求的建筑设计就不具备绿色建筑的基本条件。

5.1.2 本条对应于现行国家标准《绿色建筑评价标准》GB 50378 中场地安全的控制项。场地规划应考虑场地现状对建筑的影响及建筑布局对建筑室外风、光、热、声、水环境和绿化环境等因素的影响。环境影响评价报告是场地环境设计的重要依据,应依据环境影响评价报告提出的环境影响因素,利用建筑周围及建筑之间的自然环境、人工环境进行总平面布局。对于原有工业用地改性作为办公、文化娱乐、商业建筑用地时,应通过采取植物补偿、土壤改良等处理措施,逐步恢复自然生态系统自身的调节功能并保持系统的健康稳定;对于周边环境影响或建筑本身产生的环境影响因素,应采取技术措施满足环境质量要求,如城市道路的噪声影响,可通过设置植树防护隔离带或利用对噪声不敏感的建筑物作为隔声屏障。

5.1.3 本条对应于现行国家标准《绿色建筑评价标准》GB 50378 中日照标准的控制项。《上海市城市规划管理技术规定(土地使用建筑管理)》中对医院病房楼、休(疗)养院住宿楼、幼儿园、托儿所和大中小学教学楼的日照要求有相应规定。新建及改建的医院病房楼、大中小学校教学楼以及公共居住建筑应满足日照规定，并应避免遮挡上述类型建筑及居住建筑，以保证其满足日照标准的要求。

5.2 规划与建筑布局

5.2.1 提高容积率是节地的有效措施。公共建筑因其种类繁多，应符合本市土地和城市规划管理规定的容积率及所在地区的控制性详细规划或修建性详细规划的要求。容积率的高低与绿色建筑设计的定位标准有关，容积率不小于 0.5 是评价绿色建筑的基准线，建筑容积率高可在节地评价中获得较高的分数，当容积率达到 3.5 及以上时，可获得该项指标的最高分。

5.2.2 总平面布置中合理设置绿地可起到改善和美化区域环境、调节小气候、缓解城市热岛效应等作用。设计中必须满足城市规划管理对不同地段或不同性质的公共设施建设项目规定的绿地指标，公共建筑往往设有满铺地下室，并利用地下室顶板设置绿化或绿化广场，种植土的厚度对保证种植物种的存活与质量是非常重要的，故对计入绿地率的地下室顶板覆土作出规定。本条提出的绿地率是基本要求，绿地率高于 30% 可在土地利用的评分项中获得分数，绿地率高于规划指标一定的比例，可获得评价分。

为便于计算和控制绿地率，本条所指的绿地面积包括建筑用地内集中绿地和房前房后、街坊道路两侧以及规定的建筑间距内的零星绿地面积，但应考虑建筑外墙勒脚、排水明沟和散水等设施占用的位置，计算绿地面积应从距离外墙边线 1.0 m 起算；屋面绿化面积计入绿地率时，应执行本市绿化和市容管理局和本市城市规划管理等主管部门的相关规定。

5.2.3 近年来，地下空间的利用发展很快，已从地下车库、设备机房发展到地下商业、办公、影剧院等多种功能用途，地下建筑层数也在增加。地下空间的开发利用应与地上建筑及其他相关城市空间紧密结合、统一规划,但从雨水渗透及地下水补给、减少径流外排等生态环保要求出发,地下空间利用也应有度、科学合理。地下空间的利用应考虑基地地质条件、结构类型和使用性质的诸多因素限制,不应盲目地为绿色建筑达标开发建设地下空间,确实不适宜开发地下空间的建设项目,可不考虑本条规定。

5.2.4 本条对应于现行国家标准《绿色建筑评价标准》GB 50378中无超标污染源的控制项。公共建筑产生的气态、液态、固态污染源应经处理达标排放,通常为餐饮厨房产生的废气(油烟)、废水和餐厨废弃物,地下车库的废水,生活、商业、办公垃圾等,医院、疗养院、科学实验类公共建筑还会产生医疗或实验废气、废水和固体废弃物,这些污染源不仅必须按照规定处理后达标排放,还应考虑产生污染源建筑的布局,其中污水处理、油烟和废气排放应考虑相应的间距、高度和方位。

5.2.5 总平面规划中应布置垃圾容器用房,也可利用地下空间设置。地下、地上垃圾容器用房不仅有容量的要求,还应考虑可回收物、有害垃圾、湿垃圾和干垃圾的分类要求,以及装运场地、回车场地的基本尺寸要求。垃圾量的计算、垃圾站的建筑面积、场地面积和占地面积可参照《上海市控制性详细规划技术准则》第10.10节的要求确定;餐饮垃圾堆放、储存及空间场地要求应符合现行上海市工程建设规范《饮食行业环境保护设计规程》DGJ 08—110 的相关规定。

5.3 交通组织与公共设施

5.3.1 本条所说的公共交通包括地面公共汽车和轨道交通。总平面规划应调查核实建设用地周边的公共交通设施配置情况,总平面图纸应反映公交站点位置。基地的主要人行出入口靠近公交站点布置,通过减少到达公交站点的步行距离满足交通便捷的要求。在绿色建筑评价中,以基地出入口与公交站点的距离作为得分点,基地出入口距离公交车站 500 m 或距离轨道交通站点 800 m 时,是绿色建筑评价的基本分值;当基地出入口 500 m 范围内有 2 条以上公交线路或兼有公交线路、轨道交通站点时,可加分。基地人行出入口位置宜充分利用城市地下通道、人行天桥等便捷的人行通道布置,可方便、安全到达马路对面公交站点。

5.3.2 基地内的人行道应符合无障碍设计规范要求,特别是医院、商业、观演和博览等大型公共建筑,应保证无障碍通行,且应与城市道路的无障碍设施形成连续。基本的无障碍设施包括盲道、高差变化处的轮椅坡道等。自行车停车场地、路边植树以及室外展场等均不应占用无障碍设施。

5.3.3 现行上海市工程建设规范《建筑工程交通设计及停车库(场)设置标准》DGJ 08—7 和建设项目的交通影响评价及评审结论是执行本条的主要依据,中心城区受到用地限制,其停车数量可以规划批复和当地交通主管部门的相关批文为准。停车以地下车库为主,提倡采用机械式、停车楼的停车方式以及限制地面停车数量,主要是为了集约用地,不仅可保证地面交通畅通,还可减少地面停车对环境造成的空气污染。

非机动车包括自行车和电力、燃气等助力车。有些总平面设计虽然设置非机动车停车库(场),但停车位置与建筑出入口相距较远不能方便使用,属于设置位置不合理。

机动车停车库应设置充电桩,非机动车停车库也应设置充电设施,以避免电动自行车随意拉电线充电引发火灾的安全隐患。

5.3.4 会议设施、展览设施、健身设施、公共交往空间、休息空间、公共厕所、学校建筑的文化、体育运动设施等均为公共空间或公共设施可向社会开放,做到资源共享,虽然如何开放、开放时间一般取决于运营管理方,但在总平面规划设计时应为今后可对社会开放使用做好交通流线设计;资源共享、提高使用效率是绿色建筑的基本理念,可结合城市规划对开放空间的要求进行布局,当总平面设计中设有对社会开放使用的公共空间,可得到绿色建筑的评价分。

5.4 室外环境

5.4.1 本市为了减少和避免玻璃幕墙的反射光对城市环境产生不良影响,先后出台了上海市工程建设规范《建筑幕墙工程技术标准》DG/TJ 08—56 和《上海市建筑玻璃幕墙管理办法》(上海市人民政府令第 77 号)对建筑设置玻璃幕墙提出了严格的规定和限制,医院病房楼、中小学校教学楼、托儿所、幼儿园、养老院的新建、改建、扩建工程以及立面改造工程,不得在二层以上采用玻璃幕墙,其他公共建筑采用玻璃幕墙必须进行反射光环境影响评估,从而使玻璃幕墙对环境的影响从源头上得到了控制。为了保证环境质量,本条对幕墙玻璃和其他反射材料提出了要求。弧形玻璃面会形成多个反射光源,对环境影响较大,故当建筑造型为弧形时,应采用平面玻璃直线过渡成弧面,可有效减少反射光影响,也可设置玻璃分隔装饰构件或在玻璃外侧设置花格、遮阳等装饰构件,通过减少玻璃的受光面达到减少玻璃的反射光影响。

东、西向太阳高度角低,反射光的角度接近人的正常视角范围,东、西朝向立面若设置连续大面积的玻璃幕墙,就会使反射光的影响持续时间较长,造成眩光危害较大,太阳高度角低的时间一般为上午 6 点—9 点,下午 4 点—6 点,正好是居民在家时间,幕墙玻璃面对住宅建筑的窗口,其反射光直射户内,严重影响居民的正常生活。

5.4.2 本条依据行业标准《城市夜景照明设计规范》JGJ/T 163—2008 而规定,该规范第 5.1.6 条第 1 款规定"对玻璃幕墙建筑和表面材料反射比低于 0.2 的建筑,不应选用泛光照明";第 3 款规定"对玻璃幕墙以及外立面透光面积较大或外墙被照面反射比低于 0.2 的建筑,宜选用内透光照明"。

建筑夜景照明应重视对建筑外观照明的控制,对医院病房楼主体部分不应采用立面泛光照明,以免影响住院病人;对宾馆、酒店类建筑物主体部分不提倡采用立面泛光照明,如地区标志性需要,可在建筑顶部采用泛光照明或其他不影响居住者休息的照明方式。景观照明灯具的投射方向和灯具应防止产生眩光。

5.4.3　项目的环境影响分析评价一般包括场地周边的环境噪声现状检测,应根据噪声检测的结果及预测噪声值对规划布局的结果进行模拟分析并调整优化总平面布置。采用适当的隔离或降噪措施,如利用对环境噪声不敏感的建筑物作为对环境噪声敏感建筑物的隔声屏障,也可通过设置绿化隔离带的措施降噪。根据有关资料,10 m～14 m 宽的绿化带可降低噪声 4 dB～5 dB;14 m～20 m 宽的绿化带可降低噪声 5 dB～8 dB;20 m～30 m 宽的绿化带可降低噪声 8 dB～10 dB;25 m～30 m 宽的绿化带可降低噪声 10 dB～12 dB。环境噪声应符合现行国家标准《声环境质量标准》GB 3096 的规定。

　　噪声敏感建筑主要指住宅、学校、医院病房楼、养老院等建筑。当室外环境噪声超标时,建筑单体设计应提高围护结构的隔声量,保证室内背景噪声的基本要求。

5.4.4　建筑布置不当不仅会产生二次风,还会严重地阻碍风的流动,高层建筑区域甚至会形成无风区或涡旋区,这对于室外散热和污染物排放是非常不利的,应尽量避免。

　　建筑布局采用行列式、自由式或采用"前低后高"和有规律的"高低错落",有利于自然风进入到小区深处,建筑前后形成压差,促进建筑自然通风。围合式布局的建筑应避免阻挡过渡季节自然风的进入;绿色建筑的总平面设计应采用计算机模拟软件进行优化设计。

5.4.5　利用绿化遮阴是有效地改善室外微气候和热环境的措施,休憩广场和庭院可设置攀爬绿化的棚架,夏季有遮阴,冬季有阳光,停车场结合停车位布置树坑种植高大乔木,其树冠可成为车辆天然的遮阴棚。

场地总平面设计中,应综合考虑室外场地受建筑遮挡和树冠投影的遮阴面积、地面的太阳辐射热反射系数和空调室外排热因素,为室外活动场地在夏季提供较为适宜的环境。

景观水池蓄水的蒸发散热可改善场地内的热环境,减少热岛效应。公共建筑场地及绿化景观中的跌水、喷泉、溪流、瀑布等动态水景,可以扩大水与空气的接触面积,加快蒸发速度,提高水景的降温加湿效果;夏季太阳辐射后的地面温度高达 45 ℃~65 ℃,渗透地面因含水蒸发冷却效应可使地表温度下降 5 ℃~25 ℃,地面的长波辐射强度可以降低 100 W/m^2~300 W/m^2,地面烘烤感明显降低,人体舒适感显著提高,故场地及人行道采用透水铺装也是有效降低热岛效应的技术措施。

5.5 绿化、场地与景观设计

5.5.1 本条第 1~6 款为本市绿化管理的有关文件对绿化设计的要求,场地绿化和景观设计应符合这些量化指标要求。另行委托景观公司进行专项设计时,建筑主体设计单位应明确这些量化指标要求。

垂直绿化和屋顶绿化等立体绿化方式在公共建筑中具有较大的可操作性,立体绿化可有效缓解城市热岛效应,并有利于建筑围护结构的保温隔热。垂直绿化可利用屋檐、外墙、栏杆等构件栽植藤本植物、攀爬植物和垂吊植物,也可设置构架安放模块式绿化便于养护。藤本植物、攀爬植物在夏季遮挡太阳辐射热,在冬季落叶后还可获得阳光,垂直绿化适合种植在建筑的西向、东向和南向外墙,为避免安全隐患和便于养护,垂直绿化种植高度不宜大于 24 m。

24 m 及以下高度的屋顶绿化可根据高度、绿化类型计入绿地率。外墙垂直绿化和屋顶绿化在达到适量的面积后方可起到改善环境气候的作用,故本条第 7 款和第 8 款对外墙垂直绿化和屋顶绿化提出最小面积的要求。

5.5.2 绿化种植土土层应符合各类乔木、灌木、草本植物的生长条件，一般厚度为：乔木 1.2 m～1.5 m，灌木 0.6 m～0.9 m，地被或草坪 0.2 m～0.4 m。下凹式绿地、雨水花园由于有蓄水功能，选择的植物应与其相适应，以保证植物的成活和健康生长。下凹式绿地和雨水花园的植物种类详见本市海绵城市建设技术标准推荐的植物种类。

5.5.3 地面铺装材料的选择要考虑其透水性，减少场地雨水径流量和湿滑程度。

透水铺装面层材料可采用镂空面积大于等于 40％的镂空铺装(如植草砖)，以及符合现行产品标准要求的透水砖。透水铺装的基础垫层应具有透水的作用，故不应采用混凝土垫层，可采用透水混凝土、碎石垫层。

地下室顶板上的透水铺装场地应保证一定的覆土厚度并引导坡向自然土壤，真正起到涵养土壤的作用。

5.5.4 本条为新增条文。用于满足合理设置雨水基础设施的技术措施之一，通过道路、广场地面的高差，引导地面雨水进入绿地，通过自然生态的方式渗、滤雨水，减少雨水外排总量。应将绿地内的雨水经过自然渗透后多余的雨水接入排水管，不可将高出地面的绿地雨水直接排入道路、广场。绿地内设置的雨水口应考虑排水防堵、防泥沙流失的构造。

5.5.5 本条为新增条文。下凹式绿地具有较好的蓄存雨水功能，是建筑基地中适宜的海绵城市建设的有效技术措施。下凹式绿地具有一定的面积且低于周边地面或道路，才能发挥其调蓄作用；因其具备蓄水功能，故应远离建筑物基础一定的水平距离，以避免积水对建筑物基础造成影响，故建筑周边的零星绿化不适合设置下凹式绿地。公共建筑中的下沉式庭院并不具备蓄水功能，不可因其低于周边场地或道路而视为下凹式绿地。下凹式绿地以观赏为主，不应作为可进入活动的绿地，仅适合种植本地适生的耐水湿植物和宜共生群生的观赏性植物，具体植物种类详见《上海市海绵城市建设技术导则（试行）》的附录 9.6"上海地区海绵城市绿地建设推荐植物种类表"。下凹式绿地典型构造示意见图 1。

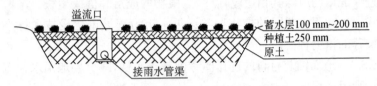

图 1　下凹式绿地典型构造示意图

5.5.6　本条为新增条文。地下室顶板上既要达到绿化覆土1.5 m 厚度满足绿地要求，又要下凹 100 mm～200 mm 的深度满足蓄水要求，顶板上的预留厚度接近 1.8 m，由于有蓄水功能，还需对地下室顶板的防水设计提出更高要求，故不建议在地下室顶板上设置下凹式绿地。当地下室埋置深度具备条件，确需在地下室顶板上布置下凹式绿地时，应考虑排水和导水措施，将雨水导入自然土壤，并可通过防、排结合，避免地下室顶板漏水。

5.5.7　雨水花园具有很好的调蓄功能，一般在大型公共绿地、公园绿地中才有可能实施，零星绿化无法达到雨水花园的调蓄功能，故本条规定雨水花园应设置在集中绿地中。由于雨水花园下凹蓄存雨水，其与道路、场地等会有一定的高差，雨水花园的周边应考虑安全防护措施和标志标识，避免发生安全事故。

5.5.8　本条为新增条文。依据《上海市海绵城市建设技术导则（试行）》的相关规定，雨水花园构造层中的填料层厚度宜为 500 mm厚，可采用瓜子片或沸石为填料，也可采用改良种植土为填料。过渡层为 50 mm 厚中砂，种植层为 300 mm 厚改良种植土，覆盖层为50 mm 厚砾石或有机覆盖植物，蓄水层深度不应小于 200 mm。雨水花园的典型构造见图 2。

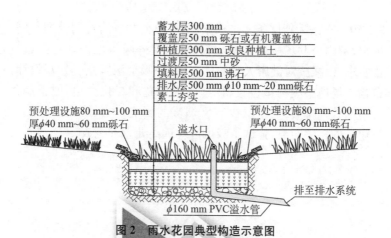

图2 雨水花园典型构造示意图

5.5.9 本条为新增条文。雨水外排总量控制不仅是给排水专业设计内容,也是建筑专业应考虑的技术措施,建筑设计在布置室外场地和道路时,应合理选择场地面层材料,以有效地截留外排雨水。表1是室外不同材料场地的径流系数。

表1 不同材料场地的径流系数

汇水面种类	雨量径流系数
绿化屋面(覆土厚度≥300 mm)	0.30~0.40
硬屋面	0.80~0.90
混凝土或沥青路面、广场(非透水基层)	0.80~0.90
大块石铺砌路面、广场	0.50~0.60
沥青表面处理的碎石路面、广场(透水基层)	0.45~0.55
级配碎石路面、广场	0.40
绿地	0.15
地下室顶板覆土厚度≥500 mm 的绿地	0.15
地下室顶板覆土厚度<500 mm 的绿地	0.30~0.40
透水铺装地面	0.08~0.40

注:本表摘自国家标准《建筑与小区雨水控制及利用工程技术规范》GB 50400—2016第3.1.4条条文说明。

5.5.10 本条为新增条文。根据《上海市公共场所控制吸烟条例》规定,室内公共场所全面禁止吸烟,但室外吸烟也需规定区域设置要求,以减少对健康人群的危害,室外吸烟区宜结合景观设计,布置于场地中废物箱位置、休息座椅位置和绿化旁边,便于烟蒂收集和烟气排放;为了减少有害烟雾的影响,本条明确了吸烟区与建筑的相关距离,强调了吸烟区应远离儿童和老人。

6 建筑设计与室内环境

6.1 一般规定

6.1.1 利用建筑本身平面布局和建筑形体达到自然通风、隔声减噪和保温隔热的目的是最好的绿色建筑设计手段,这种被动措施应该成为建筑设计的首选。建筑形体的设计应充分利用场地的自然条件,综合考虑建筑的朝向、间距、开窗位置和比例等因素,使建筑获得良好的日照、通风、采光和视野。可采用以下措施:

    1 规划与建筑单体设计时,以建筑周边场地以及既有建筑为边界前提条件,宜通过场地日照、通风、噪声等模拟分析确定最佳的建筑形体,并结合建筑节能和经济成本权衡分析。

    2 宜通过改变建筑形体,如合理设计底层架空或设置空中花园改善建筑的通风。

    3 建筑单体设计时,宜在场地风环境模拟分析的基础上,通过调整建筑长宽高比例,使建筑迎风面压力合理分布,避免背风面人群活动区域形成涡旋区,根据风环境模拟结果,合理设置外窗通风开启扇。

    4 建筑形体宜与隔声降噪有机结合,合理利用建筑裙房或底层凸出设计等遮挡沿街交通噪声,同时,面向交通主干道的建筑面宽不宜过宽。

6.1.2 上海地区的建筑适宜朝向为南向或接近南向,不宜的朝向为西向或西北向。建筑朝向不仅与日照有关,与主导风向也有关系。有日照要求的公共建筑主要有医院病房楼、大中小学校教学楼、疗养院、养老院、托儿所、幼儿园、宿舍和招待所等。基地条件具备时,建筑单体朝向应首选本条规定的朝向范围,不应为了建筑造型和立面因素而以牺牲朝向为代价。

6.1.3 本条对应于上海市工程建设规范《绿色建筑评价标准》DG/TJ 08—2090—2020 第 7.1.8 条控制项的要求。装饰性构件主要包括:作为构成要素在建筑中大量使用且不具备遮阳、导光、导风、载物、辅助绿化等作用的飘板、格栅和构架等;单纯为追求标志性在屋顶等处设置的大型塔、球、曲面等异形构件,为追求建筑造型、体量效果设置超出安全防护高度 2 倍以上的女儿墙和玻璃幕墙等围合外墙。

建筑外装饰应结合建筑遮阳构件、外墙垂直绿化构件一体化设计,起到一举两得的功效;太阳能利用所需要的集热设施构件应与建筑一体化设计,设计人员不应让业主自理或专业厂家负责。本条第 4 款是新增内容。室外机搁板的位置应考虑室外机安装和使用中检修维护的安全操作需求,避免安全隐患。空调机位距外窗开启洞口的水平间距不宜大于 500 mm,便于室外机传递与安装检修。本条的提出,基于安全耐久的要求。

6.1.4 土建装修一体化设计,是为了在土建设计时考虑装修设计需求,预留孔洞和装修面层,避免在装修时对已有建筑构件打凿、穿孔,既可减少设计的重复,又可保证结构的安全,减少材料消耗,并降低装修成本。在工程设计中,土建设计和装修设计可以由同一家设计单位承担,也可以由不同的设计单位承担。当土建设计和装修设计均为同一家设计单位承担,较容易实现土建和装修一体化设计;当土建与装修分别由不同设计单位承担时,装修设计方案应与土建设计同步进行,土建设计应以装修设计方案为基础,装修设计方案应事先与结构专业进行协调配合,避免破坏结构件。

建筑装修设计可分为公共部位一体化设计和所有部位一体化设计,商业、办公等公共建筑的使用空间适用不同的购买者或承租方,难以做到装修一体化设计,但公共部位可以做到一体化装修到位。公共部位装修一体化设计可得到评价分,所有部位装修一体化设计的评价分更高。

6.1.5 建筑模数协调统一是指在建筑设计中,建筑部品、建筑构配件和组合件实现大规模工业化生产,不同材料、不同形式和不同制造方法的建筑构配件、组合件符合模数并具有较大的通用性和互换性,从而达到加快设计速度,提高施工质量和效率,降低建筑造价的目的。

旅馆、学校、办公、宿舍、医院病房楼等类型的公共建筑在柱网开间、进深和层高尺寸上基本相同,是标准化设计的有利条件,对于这些类型的公共建筑可采用模数协调的标准化设计,通过标准化建筑结构件和建筑部品的组合,形成不同的平面空间和立面造型。

6.1.6 公共建筑室内空间往往会随使用功能的改变而变化,如租赁式办公和租赁式商业场所,因此在办公、多功能厅、商场等空间内尽量多地采用灵活隔断(墙)和可重复利用的隔墙材料,以减少室内空间重新布置时对建筑构件的破坏,从而达到节约材料、减少浪费的目的。

剧场、体育场馆等公共建筑的观演空间因其功能性质不适合采用灵活隔断,故除走廊、楼梯、电梯井、卫生间、设备机房、公共管井以外的室内空间均应视为"使用功能的可变性和改造的可能性"的室内空间。

可拆卸重复使用的隔断是指使用可再利用材料或可再循环利用材料组装的隔断(墙),其在拆除过程中应基本不影响与之相接的其他隔断(墙),拆卸后可重复进行再次利用的隔断(墙),如大开间敞开式办公空间内的矮隔断(墙)、玻璃隔断(墙)、预制板隔断(墙)、特殊设计的可分段拆除的轻钢龙骨水泥压力板或石膏隔断(墙)和木隔断(墙)等。用水泥砌筑的砌体隔断(墙)不算灵活隔断(墙)。

本条为绿色建筑的评分项。要得到此项评价分,采用可重复使用的隔墙和隔断的比例就不应小于 30%；若比例提高到 50%～80%,则可得到更高的评价分。

6.1.7 电梯、自动扶梯、自动人行步道等设备选型的节能要求,应由建筑专业在施工图设计说明中的电梯一览表或相关说明中予以明确,由电气专业配合设计。电梯节能的主要技术有:节能电梯、电梯并联或群控技术、扶梯感应启停、轿厢无人自动关灯、驱动器休眠技术、群控楼宇智能管理技术等。根据本市绿色建筑评价的要求,本条明确了同一电梯厅内 2 台及以上电梯应采用群控技术。

6.1.8 太阳能系统需要光伏集热装置,这些装置设置不当或后期设计会对建筑的荷载、立面和造型设计造成很大的影响,绿色建筑策划阶段对可再生能源利用的内容应落实在建筑设计中,建筑设计在屋面、立面设计时应结合太阳能设施一体化设计。

6.2 室内环境

6.2.1 本条是绿色建筑的控制项要求。现行国家标准《民用建筑隔声设计规范》GB 50118 未涉及的居住类公共建筑如养老院居住楼可参照其中高要求住宅建筑的指标,托儿所、幼儿园和宿舍建筑可参照其中住宅建筑的指标,疗养院等则可参照医院病房楼的指标。

通常,混凝土、砌体等重质材料的隔声量一般都大于 45 dB,非承重墙及可重复使用的轻质隔墙材料的隔声效果较差。含窗外墙的综合隔声效果主要由外窗决定,除了应控制外窗的隔声量外,控制窗墙比也是有效措施,位于城市道路一侧的建筑外墙,当夜间室外噪声在 65 dB(A)时,窗墙比宜控制在 0.4 以内,通过减少外窗的面积减少噪声进入,从而减少室外噪声对室内环境的影响。

厚度为 120 mm～150 mm 的钢筋混凝土板的计权标准化撞击

声压级通常为 80 dB 左右,建筑设计应结合装修对楼板采用相应的隔声构造。经工地现场检测可得知,120 mm 厚的钢筋混凝土楼板上铺设 20 mm 厚 XPS 板或 30 mm 厚 EPS 板然后再设 40 mm 厚细石钢筋混凝土,楼板撞击隔声量可达到 70 dB~75 dB;若撞击隔声要求较高,需设置专用隔声垫。

绿色建筑设计施工交底时,应要求施工和监理单位切实落实,并应提出现场实测验收的要求。

6.2.2 电梯在运行过程中产生的噪声目前尚无有效措施避免,故不允许贴邻病房、客房、疗养院和养老院卧室等安静房间布置。公共建筑内的空调机房、通风机房、水泵房等设备机房确因平面布置贴邻办公等需要安静的房间布置时,设备机房内应设置隔声吊顶和吸声墙面,采用浮筑楼板或设置减振垫控制噪声和振动。宾馆、酒店客房卫生间的管道等可传声物体应设置在靠公共走道部位墙体上,PVC 排水管可在管道外包覆隔声隔振材料,降低管道排水时的噪声扩散。

6.2.3 多功能厅、大型会议室、大型阶梯教室、音乐厅及影视剧场的观众厅、体育馆室内赛场等观演空间应有专项声学设计。声学设计主要考虑室内的音质及语言清晰度等设计指标,还应避免噪声影响相邻房间。

6.2.4 窗户除了具有自然通风和天然采光的功能外,还具有从视觉上起到沟通内外的作用,良好的视野有助于使用者心情舒畅,提高工作效率。

公共建筑靠外墙并设有外窗的位置应布置如办公室、教室、活动室等主要功能房间,其 70% 以上的区域应能通过地面以上 0.80 m~2.30 m 高度处的外窗看到室外自然环境,且没有构筑物或周边建筑物造成明显视线干扰。建筑立面设计应权衡装饰构件对视线及采光的影响。

6.2.5 公共建筑中,除走廊、核心筒、卫生间、电梯间和不需要采光的特殊功能房间外均为功能房间。在现行国家标准《建筑采光设计标准》GB 50033 中,学校教室和医疗建筑的病房的采光要求均为强制性条文,必须满足。建筑设计中应重视各专项设计规范中对窗地比的规定,主要功能房间靠外墙布置,应首选自然采光,不应为建筑造型和立面减少窗口面积,以牺牲自然采光为代价的立面设计是不可取的。

6.2.6 公共建筑中大进深空间的自然采光受到限制,为了满足人们心理和生理上的健康需求,并节约人工照明的能耗,中庭、采光天井、采光天窗是首选的被动的技术措施,也可通过一定技术手段将天然光引入地上采光不足的建筑空间和地下建筑空间,如导光管、光导纤维、采光板、棱镜窗等,通过反射、折射、衍射等方法将自然光导入,但应综合考虑经济合理性;改善自然采光条件时,不应忽视采光质量,应注意光的方向性,避免不舒适眩光。控制室内表面材料的反射比也是保证采光质量的主要措施。

6.2.7 自然通风是改善室内热环境和室内空气品质,降低空调开启时间的有效措施之一。建筑应通过自然通风气流组织模拟分析,使空间布局、剖面设计和门窗的设置有利于组织室内自然通风,实现建筑通过开窗或通风换气装置有效自然通风的目的。自然通风设计可通过建筑室内风环境进行计算机模拟,主要功能房间靠外墙布置时应首选开窗自然通风,不应为了立面形式而牺牲自然通风的基本条件。

6.2.8 地下空间利用率日益提高,地下空间充分利用自然采光可节省白天人工照明能耗,创造健康的光环境。地下室设计下沉式庭院,或使用窗井、采光天窗是引入自然采光的较好措施,但应注意排水、防漏等问题。当地下车库上的覆土厚度达到 3 m 以上时,使用镜面反射式导光管效率较低,不宜采用。

地下空间(如地下车库、超市)的自然通风,可提高地下空间品质,节省通风设备。设置下沉式庭院不仅促进了自然采光通风,还可以增加绿化率,丰富景观空间。地下停车库的下沉庭院应注意避免汽车尾气对建筑使用空间的影响;采光井应满足与相邻地面住宅外门窗的防火间距要求。

6.2.9 本条为新增条文,是保证室内空气质量的重要措施。当建筑无条件采用自然通风而采用机械通风时,建筑设计应为机械通风创造基本条件,通过风道、烟道将污浊空气排放。布置送风、排风口应控制风口间距或高度,避免将排出的污浊空气又引入到室内或串通到相邻空间。地下车库设置在室外地面的排风口不应朝向人行道路和人员活动场地。

6.3 围护结构

6.3.1 本条是绿色建筑的基本要求。建筑围护结构的热工性能指标对建筑供暖和空调负荷有很大的影响,本市现行标准结合本市气候条件和能耗特点对围护结构的热工性能提出明确的要求,这是绿色建筑的基本条件。当围护结构部分指标不满足规定限值时,应按照现行上海市工程建设规范《公共建筑节能设计标准》DGJ 08—107的规定进行围护结构热工性能的权衡判断;应符合《公共建筑节能设计标准》DGJ 08—107 中的强制性条文的规定。对于非住宅类的居住建筑,当围护结构部分指标不满足规定限值时,应按照现行上海市工程建设规范《居住建筑节能设计标准》DGJ 08—205的规定进行围护结构热工性能的权衡判断;应符合上述标准中的强制性条文的规定。

6.3.2 公共建筑可根据建设规模分为甲类、乙类,不同类别的公共建筑外墙有不同的性能指标要求,甲类、乙类公共建筑的外墙必须满足现行上海市工程建设规范《公共建筑节能设计标准》DGJ 08—107 的规定限值,不可由于外墙不满足规定限值而进行热工性能的权衡判断。

6.3.3 公共建筑可根据建设规模分为甲类、乙类,不同类别的公共建筑屋面有不同的性能指标要求,甲类、乙类公共建筑的屋面必须满足现行上海市工程建设规范《公共建筑节能设计标准》

DGJ 08—107 的规定限值,不可由于屋面不满足规定限值而进行热工性能的权衡判断。

6.3.4 楼板板底保温层容易坠落造成安全事故。岩棉薄抹灰保温系统不适合设在板底部位;无机保温砂浆保温系统按照本市相关的技术规程要求应设在板面;架空楼板保温层确需设在板底时,应采用吊顶防止保温材料坠落。

6.3.5 外窗设置可开启面积是为了满足室内自然通风要求;对于建筑未设开启扇的外窗或透光幕墙,应采用机械通风措施或设置通风器的措施满足室内空气质量要求。机械通风或通风装置应满足室内平均换气次数不小于 2 次的要求。

6.3.6 单一立面窗墙比控制在 0.5 以内,可有效提高围护结构热工性能。外窗或透光幕墙的热工设计应符合现行上海市工程建设规范《公共建筑节能设计标准》DGJ 08—107 的规定。外窗传热系数应满足节能设计标准的规定限值或权衡判断计算的基本规定;采用单腔金属型材、塑料型材时,整窗热工性较差,不能满足规定限值;双腔塑料型材只有增强型钢腔和排水腔,缺少保温腔,已被列为禁止材料。透光幕墙玻璃面积较大,金属型材面积在幕墙单元板块中所占面积较小,计算单元板块整体传热系数时,可按照型材及玻璃的面积加权计算。本条第 4 款是新增内容。门窗的气密性、水密性、抗风压、保温等物理性能指标的确定应与建筑定位品质相匹配,不应号称高品质的建筑却采用低配的性能指标,这些性能均应作为主要检测指标,设计应要求提供施工进场检测报告。

6.3.7 外遮阳包括固定外遮阳和可调节外遮阳,可根据外形要求、经济条件、适用形式确定采用固定或可调节的外遮阳。可调节外遮阳可以更好地兼顾夏季遮阳和冬季阳光需求,因此建筑设计应优先选择可调节外遮阳设施。有条件时,应考虑建筑遮阳智能化控制。

6.3.8 无论是固定遮阳还是活动遮阳,都是建筑立面造型的重要组成部分,应与建筑一体化设计,避免后续设计影响建筑效果和安全隐患。

6.4 建筑及装修用料

6.4.1 本条为绿色建筑评价标准的控制项,建筑设计不可忽视。

6.4.2 本条与绿色建筑评价标准的控制项有关,虽然该控制项在运营阶段才做评价,但是设计阶段应进行控制和要求,才能保证运营阶段的室内空气质量安全。建筑材料不应对室内环境产生有害影响是绿色建筑对建筑材料的基本要求。选用有害物质限量达标、环保效果好的建筑材料,可以防止由于选材不当而造成室内环境污染。

根据生产及使用技术特点,可能对室内环境造成危害的装饰装修材料主要包括人造板及其制品、木器涂料、内墙涂料、胶粘剂、木家具、壁纸、卷材地板、地毯、地毯衬垫及地毯用胶粘剂等。这些装饰装修材料中可能含有的有害物质包括甲醛、挥发性有机物(VOC)、苯、甲苯和二甲苯以及游离甲苯二异氰酸酯等。因此,对上述各类室内装饰装修材料中有害物质含量必须进行严格控制。

6.4.3 为保证室内空气质量,现行国家标准《民用建筑工程室内环境污染控制规范》GB 50325 第4章对工程勘察设计提出了材料选择的规定,其中对无机非金属装修材料、人造木板材料、防腐防潮处理剂、阻燃剂和混凝土添加剂等都有强制性的条文规定。

用于室内的石材、瓷砖、卫浴洁具等建筑材料及其制品,往往具有一定的放射性。放射性在一定剂量范围内是安全的,但是超过一定剂量就会造成人身伤害。必须将上述建筑材料及其制品的放射性限制在安全范围之内,这是强制性的,也是绿色建筑的最基本要求。

卫生间采用溶剂型防水涂料对室内空气质量存在隐患,选用防水涂料应谨慎。

6.4.4 装配式混凝土结构、装配式钢结构和装配式木结构是我国目前大力推广的装配式建筑体系,建筑设计应结合建筑类型、经济条件合理采用。栏杆、门窗等建筑部品具备标准化生产的条件,建筑设计应首选标准化的部品。

6.4.5 采用预拌砂浆应注意与传统砂浆的使用区别,施工现场不允许水泥进场,预拌砂浆在现场难以再掺入建筑胶等添加剂,也不可能采用素水泥浆一道,建筑界面中的结合层应采用相应的专用界面剂。

本市对预拌砂浆有明文规定,预拌砂浆必须采用其专用符号,施工图设计文件中禁止采用"水泥:黄沙"等材料比例标明砂浆品种、规格。预拌砂浆分为湿拌砂浆和干混砂浆,湿拌砌筑砂浆的符号为 WM,干混砌筑砂浆的符号为 DM,湿拌地面砂浆的符号为 WS,湿拌抹灰砂浆的符号为 WP,干混抹灰砂浆的符号为 DP,干混地面砂浆的符号为 DS,其与传统砂浆的对应见表 2。

表 2　预拌砂浆与现场配制砂浆分类对应表

种类	预拌砂浆	传统砂浆
普通砌筑砂浆	WM5.0，DM5.0 WM7.5，DM7.5 WM10，DM10 WM15，DM15	M5.0 混合砂浆,M5.0 水泥砂浆 M7.5 混合砂浆,M7.5 水泥砂浆 M10 混合砂浆,M10 水泥砂浆 M15 水泥砂浆
普通抹灰砂浆	WP5.0，DP5.0 WP10，DP10 WP15，DP15 WP20，DP20	116 混合砂浆 114 混合砂浆 1:3 水泥砂浆 1:2,1:2.5 水泥砂浆;112 混合砂浆
普通地面砂浆	WS20，DS20	1:2 水泥砂浆

6.4.6 可再利用建筑材料是指不改变所回收材料的物质形态可直接再利用的,或经过简单组合、修复后可直接再利用的建筑材料,如场地范围内拆除的或从其他地方获取的旧砖、门窗及木材等。合理使用再利用建筑材料,可充分发挥旧建筑材料的再利用

价值,减少新建材的使用量。

可再循环建筑材料是指通过改变物质形态可实现循环利用的材料,如金属材料、木材、玻璃、石膏制品以及废弃混凝土再生骨料等。充分使用可再循环利用的建筑材料可以减少生产加工新材料带来的资源、能源消耗和环境污染,可延长仍具有使用价值的建筑材料的使用周期,对于建筑的可持续性具有非常重要的意义,具有良好的经济和社会效益。

本条是要求建筑设计在选材时重视可再利用材料和可再循环材料的合理利用,并非将材料自身具备的材料如钢筋混凝土中的钢筋、门窗中的玻璃、电线中的铜丝拿出来作为可循环材料的比例充数。

6.4.7 本条为新增条文。结合绿色建筑评价标准的要求,对室内外的装修材料和防水材料提出了耐久性的要求,材料的耐久性和使用年限的明确,体现了节约资源、保护环境的绿色建筑本质。

6.5 建筑安全与防护

6.5.1 本条为新增条文。保温材料及保温系统的选用与安全耐久有关,建筑设计应综合考虑保温材料性能及其与结构基层材料的相融和适应性,外墙保温有外保温、内保温、夹心保温、自保温、保温装饰一体等多种保温构造类型,外墙外保温并非唯一的保温措施,高层建筑风荷载影响作用较大,应慎重选用外墙外保温技术,确需采用外墙外保温系统的建筑,应采用符合现行国家消防技术标准的材料和系统并制定防止保温层材料开裂、坠落的外保温系统设计、施工质量控制技术要点,且应有外保温系统质量保证的书面承诺。

6.5.2 本条为新增条文。成品门窗是工业化生产的建筑部品,提倡选用干法施工安装的成品外窗,是为了确保门窗的质量和气密性、水密性、抗风压和保温等物理性能。近年来,门窗坠落伤人的事故时有发生,这与使用者有关,更与设计者对门窗的五金配件的要求有关,为避免安全隐患,设计中不仅要提出与门窗尺度相匹配的五金配件要求,还宜根据门窗的类型采取防脱落的技术措施,如在开启窗扇一侧的墙上,设置安全挂钩及链条。设计中还可提出外窗开启的限位装置或儿童安全窗锁,防止儿童误开坠楼。

6.5.3 本条为新增条文。建筑对外出入口上方应设置雨棚或水平防护设施,避免上方高空坠物伤人。

6.5.4 本条为新增条文。为避免玻璃幕墙爆裂坠落伤人、损物的安全隐患,本条要求在设计玻璃幕墙时就应采取安全措施,沿玻璃幕墙周边设置一定宽度的隔离带以起到阻挡行人靠近玻璃幕墙的作用,采用绿化作为分隔措施还可优化环境,一举两得。一些商业建筑或沿街建筑会利用建筑周边布置室外休闲、咖啡座椅区域而无法设置隔离带时,应在人员活动的区域上方设置水平外挑棚架,用以承接意外坠落的幕墙玻璃或空中坠物。

6.5.5 本条为新增条文。地面防滑是安全性能的要求,现行行业标准《建筑地面工程防滑技术规程》JGJ/T 331 对不同场所的不同干湿状况,规定有不同的防滑等级,设计时应根据使用功能确定适宜的防滑等级,对楼地面面层材料提出防滑性能要求。

7 结构设计

7.1 一般规定

7.1.3 建筑方案宜优先选择规则、简洁的建筑形体,避免由建筑方案导致的结构不规则,进而增加结构复杂程度和结构材料用量。在建筑形体确定后,结构设计应对不规则的建筑按规定采取加强措施。

建筑形体主要指建筑平面形状和立面、竖向剖面的变化,按照现行国家标准《建筑抗震设计规范》GB 50011 的有关规定划分为规则、不规则、特别不规则、严重不规则。结构设计应与建筑专业协调配合,尽量避免不规则建筑形体,在满足安全和设计要求的前提下减少结构材料用量。

7.2 地基基础设计

7.2.2 根据上海地区的地质特点及工程经验,桩底及桩侧注浆可有效提高桩基承载力 1.4 倍~1.8 倍,此项技术可以大幅度减低材料用量;抗浮桩可只考虑桩侧后注浆。

7.2.3 根据现行上海市工程建设规范《地基基础设计标准》DGJ 08—11 规定,宜通过先期试桩确定单桩承载力设计值。通过先期试桩确定单桩承载力设计值,一方面可以确保桩基具有足够的承载力;另一方面,先期试桩可加载至地基土破坏,能发挥桩基承载力的余量,符合绿色设计节材的精神。

7.2.4 对于以抗压设计为主的基础,地下水的浮力能平衡部分上部结构荷载,从而减小对地基基础的承载力需求,因此合理考虑地下水的有利作用,可降低地基基础的工程造价,节约资源,符合绿色设计节材的精神。

7.3 主体结构设计

7.3.1 采用基于性能的抗震设计并适当提高建筑的抗震性能指标要求,如针对重要结构构件采用"中震不屈服""中震弹性"及以上的性能目标,或者为满足使用功能而提出比现行标准要求更高的抗震设防要求(抗震措施、刚度要求等),可以提高建筑的抗震安全性及功能性;采用隔震、消能减震等抗震新技术,也是提高建筑的设防类别或提高抗震性能要求的有效手段。

对公共建筑,一般框架、框架-剪力墙、框架-核心筒居多,可采用的抗震性能设计措施建议如下:

1 抗震设防要求高于国家和本市现行抗震规范的要求。如采用地震力放大系数不小于 1.1、抗震构造措施提高一级、层间位移角限值不大于规范限值的 90% 以上等措施,均可适当提高建筑的抗震性能。

2 采用抗震性能化设计。如针对剪力墙底部加强区的约束边缘构件按"中震不屈服"、框架-核心筒的外框柱按抗弯"中震不屈服"、抗剪"中震弹性"设计等,均可适当提高建筑的抗震性能。

3 采用隔震、消能减震等抗震新技术,也可提高建筑整体抗震性能。如采用基础隔震、框架增加屈曲约束支撑等消能减震技术,均可适当提高建筑的抗震性能。

7.3.2 对于混凝土结构,按照现行国家标准《混凝土结构耐久性设计标准》GB/T 50476 要求,结合所处的环境类别、环境作用等级,按对应设计使用年限 100 年的相应要求(钢筋保护层、混凝土强度等级、最大水胶比等)进行混凝土结构设计和材料选用。对于钢构件,可相应采取比现行规范标准更严格的防护措施,如适当提高防护厚度、提高防护时间、采用耐候结构钢及耐候型防腐涂料等，并定期进行检修。对木构件，可采用防腐木材或其他耐久木材或耐久木制品。结构施工图设计文件应有相关设计说明和性能要求。

7.3.4 采用高强度结构材料，可减小构件的截面尺寸及材料用量，同时也可减轻结构自重，减小地震作用及地基基础的材料消耗。

在竖向承重构件中，采用 C50 以上的高强混凝土有利于减小竖向承重构件的截面尺寸，减少混凝土用量。由于结构设计时需满足刚度、最小构件截面尺寸等规范限值的规定，对于多层建筑和高度不是很高的高层建筑，竖向承重结构中采用高强混凝土，难以充分发挥材料强度。考虑到材料的合理利用，参考江苏、浙江等地方的绿色建筑设计标准，增加了结构高度的规定。

混凝土结构中的受力钢筋，包括梁、柱、墙、板、基础等构件中的纵向受力筋及箍筋。

7.3.5 钢结构的连接方法可分为焊缝连接、螺栓连接和铆钉连接等。其中，节点的螺栓连接包含全螺栓连接和栓焊混合连接。

7.4 装配式建筑

7.4.2 按照本市《关于进一步明确装配式建筑实施范围和相关工作要求的通知》（沪建建材〔2019〕97 号）的规定，本市目前对于装配式建筑指标要求为"建筑单体预制率不低于 40％或单体装配率不低于 60％"。上海市工程建设规范《绿色建筑评价标准》DG/TJ 08—2090—2020 中规定，对预制率不低于 45％或装配率不低于 65％的装配式混凝土建筑有加分鼓励。

8 给水排水设计

8.1 一般规定

8.1.1 建筑给水排水应遵循卫生安全、健康适用、高效完善、因地制宜和经济合理的设计理念,避免过度追求形式上的技术创新与奢华配置。

建筑给水排水的系统在满足使用要求与卫生安全的条件下,应节水、节能,系统运行过程中产生的噪声、振动、废水、废气和固体废弃物应符合国家现行标准的规定,不得对人身健康和建筑环境造成危害。

生活给水系统应充分利用城镇给水管网或小区给水管网的水压直接供水。生活热水系统应采取保证用水点冷、热水压力稳定平衡的措施。

建筑给水排水的器材、设备应采用高用水安全性、高水效等级和高能效等级的涉水产品,应选用符合现行国家标准《生活饮用水输配水设备及防护材料的安全性评价标准》GB/T 17219、《节水型产品通用技术条件》GB/T 18870、《节水型卫生洁具》GB/T 31436 和现行行业标准《节水型生活用水器具》CJ/T 164 以及其他有关水效、能效强制性国家标准要求的产品。

8.1.2 生活给水系统、生活热水系统、饮水供应、游泳池与水上游乐池、循环冷却水系统、水景、非传统水系统等的水质,应符合国家现行标准的有关规定,并采取相应的供(用)水安全保障措施。其中,消毒剂和消毒方式的选择应根据用水性质和使用要求确定,可采取一种消毒方式或组合采取几种消毒方式,且应对人体健康无害,并不应造成水和环境污染。水质标准与主要消毒方式应按表3确定。

表3　水质标准与主要消毒措施

种类	水质标准	主要消毒措施
生活给水系统	《生活饮用水水质标准》DB31/T 1091	1. 含氯消毒药剂消毒 2. 在保证用户水质和在线检测紫外线照射强度的条件下,也可采用紫外线消毒
生活热水系统	《生活热水水质标准》CJ/T 521	1. 紫外光催化二氧化铁(AOT)消毒装置、银离子消毒器消毒等 2. 系统内的热水应定期升温灭菌 3. 医院、疗养院、老年人照料设施、幼儿园等建筑的水加热设备出水温度不应小于60 ℃,其他建筑不应小于55 ℃。配水点出水温度不应小于45 ℃
饮水供应	《饮用净水水质标准》CJ 94	紫外线、臭氧、含氯消毒药剂消毒等
游泳池与水上游乐池	《游泳池水质标准》CJ 244	臭氧、含氯消毒药剂、紫外线消毒等
循环冷却水系统	《采暖空调系统水质》GB/T 29044	含氯消毒药剂消毒等
水景	《城市污水再生利用 景观环境用水》GB/T 18921 《建筑与小区雨水控制及利用工程技术规范》GB 50400	含氯消毒药剂消毒等
非传统水系统	《城市污水再生利用 绿地灌溉水质》GB/T 25499 《建筑与小区雨水控制及利用工程技术规范》GB 50400	含氯消毒药剂消毒等

8.1.3 生活给水系统、生活热水系统、循环冷却水系统、水景、非传统水系统等应根据现行上海市工程建设规范《公共建筑用能监测系统工程技术标准》DGJ 08—2068 的规定按不同用途分类、分

项分别设置用水计量装置统计用水量,其设置应符合表4、表5的规定。

表4 分类用水计量点位设置

序号	分类分项编码	分类分项名称	单位
1	21000	直饮水	m³
2	22000	市政给水	m³
3	23000	中水	m³
4	24000	回用雨水	m³

表5 分项用水计量点位设置

序号	分项编码	分项名称	单位
1	22E00	厨房餐厅用水	m³
2	22F00	公共浴室用水	m³
3	22G00	洗衣房用水	m³
4	22H00	太阳能用水	m³
5	22I00	空调补水	m³
6	22J00	游泳池用水	m³
7	22K00	机动车清洗用水	m³
8	22V00	锅炉房补水	m³
9	22W00	其他	m³

8.2 系统设计

8.2.1 按照国家和本市控制水资源消耗总量和控制水资源消耗强度的要求,建筑用水标准不应大于现行国家标准《民用建筑节水设计标准》GB 50555 中节水用水定额的上限值与下限值的算术平均值。建筑生活用水标准应按表6确定。

表 6　建筑生活用水标准

序号	建筑物类型及卫生器具设置标准	本市用水定额先进值	国家节水用水定额上、下限值的算术平均值
1	宿舍 　居室内设卫生间 　设公用盥洗卫生间		≤145 L/(人·d) ≤105 L/(人·d)
2	招待所、培训中心、普通旅馆 　一般旅馆 　民宿服务(城市居民生活用水) 　设公用卫生间、盥洗室 　设公用卫生间、盥洗室、淋浴室 　设公用卫生间、盥洗室、淋浴室、洗衣室 　设单独卫生间、公用洗衣室	≤70 m³/(床·a) ≤135.0 L/(人·d)	 ≤60 L/(人·d) ≤85 L/(人·d) ≤105 L/(人·d) ≤135 L/(人·d)
3	酒店式公寓		≤210 L/(人·d)
4	宾馆客房 　五星级酒店 　四星级酒店 　三星级酒店 　二星级及以下酒店 　旅客 　员工	≤216 m³/(床·a) ≤121 m³/(床·a) ≤102 m³/(床·a) ≤58 m³/(床·a)	 ≤270 L/(床位·d) ≤75 L/(人·d)
5	三级医院 二级医院 一级医院 妇幼保健院 疾控中心 体检 医院住院部 　设公用卫生间、盥洗室 　设公用卫生间、盥洗室、淋浴室 　病房设单独卫生间 　医务人员	≤3.05 m³/(m²·a) ≤790 L/(床·d) ≤2.11 m³/(m²·a) ≤470 L/(床·d) ≤1.72 m³/(m²·a) ≤430 L/(床·d) ≤3.3 m³/(m²·a) ≤710 L/(床·d) ≤1.2 m³/(m²·a) ≤4.2 L/(m²·d)	 ≤125 L/(床位·d) ≤165 L/(床位·d) ≤270 L/(床位·d) ≤165 L/(床位·d)

序号	建筑物类型及卫生器具设置标准	本市用水定额先进值	国家节水用水定额上、下限值的算术平均值
5	门诊部、诊疗所 　病人 　医务人员 疗养院、休养所住院部		≤9 L/(人·次) ≤70 L/(人·班) ≤210 L/(床位·d)
6	老年人照料设施(养老院、托老所、福利院等)、救助站(提供住宿) 　全托 　日托 救济和慈善活动(不提供住宿)	≤4.5 L/(m²·d) ≤135 L/(床·d) ≤4.0 L/(m²·d)	 ≤105 L/(人·d) ≤50 L/(人·d)
7	幼儿园、托儿所 　有住宿 　无住宿	≤12 m³/(m²·a)	 ≤60 L/(儿童·d) ≤32.5 L/(儿童·d)
8	公共浴室 　大众浴场 　综合浴室 　淋浴 　淋浴、浴盆 　桑拿浴(淋浴、按摩池)	 ≤12.9 m³/(m²·a) ≤9.5 m³/(m²·a)	 ≤80 L/(人·次) ≤135 L/(人·次) ≤145 L/(人·次)
9	理发室、美容院	≤25 L/(m²·d)	≤57.5 L/(人·次)
10	洗衣房	≤11.4 L/kg 干衣	≤60 L/kg 干衣
11	餐饮业 　正餐、中餐酒楼 　快餐店、职工及学生食堂 　酒吧、咖啡厅、茶座、卡拉OK房	 ≤12 L/(m²·d) ≤36 L/(m²·d) ≤8 L/(m²·d)	 ≤42.5 L/(人·次) ≤17.5 L/(人·次) ≤7.5 L/(人·次)
12	商场 　员工及顾客 　农贸市场 　超市大卖场 　商场 　菜市场、大型超市生鲜食品区(地面冲洗及保鲜用水) 　食品、饮料、烟草零售	 ≤1.2 L/(m²·d) ≤1.2 L/(m²·d) ≤4 L/(m²·d) ≤0.58 m³/(m²·月) ≤1.2 L/(m²·d)	≤5 L/(m²营业厅面积·d) ≤11.5 L/(m²·d)

序号	建筑物类型及卫生器具设置标准	本市用水定额 先进值	国家节水用水定额 上、下限值的算术 平均值

13	图书馆
	   阅读者
	   员工
	档案馆
		≤0.9 L/(m² · d)
		
		≤1.5 L/(m² · d)
			
			≤20 L/(座位 · 次)
			≤40 L/(人 · d)

14	书店
	   顾客
	
	   员工
			
			≤4 L/(m²营业厅面
			积 · d)
			≤33.5 L/(人 · 班)

15	办公楼
	   行政办公(科学研究和技术服
	务业等)
	   商业办公(信息传输、软件和信
	息技术服务业、金融业、房地产
	业、租赁和商务服务业等)
	   坐班制办公
	   公寓式办公
	   酒店式办公
		
		≤15 m³/(m² · d)
		
		≤0.0517 m³/(m² · 月)
			
			≤32.5 L/(人 · 班)
			≤185 L/(人 · 班)
			≤270 L/(人 · 班)

16	科研楼
	   化学
	   生物
	   物理
	   药剂调试
			
			≤185 L/(人 · d)
			≤125 L/(人 · d)
			≤50 L/(人 · d)
			≤125 L/(人 · d)

17	教学、实验楼
	   中小学校
	     小学
	     中学
	   高等学校
	   特殊教育
	   职业技能培训
		
		≤8 m³/(m² · a)
		≤15 m³/(m² · a)
		≤45 m³/(m² · a)
		≤15 m³/(m² · a)
		≤34 m³/(m² · a)
			
			≤25 L/(学生 · d)
			
			≤37.5 L/(学生 · d)

18	电影院、剧院
	   观众
	   演职员
		≤1.3 L/(m² · d)	
			≤4 L/(观众 · 场)
			≤17.5 L/(人 · 场)

序号	建筑物类型及卫生器具设置标准	本市用水定额 先进值	国家节水用水定额 上、下限值的算术 平均值
19	会展中心(博物馆、展览馆) 　　展厅 　　员工 　　观众 　　博物馆	≤3.6 L/(m²·d) ≤1.4 L/(m²·d)	≤4 L/(m²营业厅面积·d) ≤33.5 L/(人·班) ≤4.5 L/(人·次)
20	健身中心 　　健身休闲	≤0.8 L/(m²·d)	≤32.5 L/(人·次)
21	体育场、体育馆 　　运动员淋浴 　　观众	≤0.8 L/(m²·d)	≤32.5 L/(人·次) ≤3 L/(人·场)
22	会议厅		≤7 L/(座位·次)
23	交通运输业 　　长途汽车站 　　高速路服务区 　　客运码头 　　轮渡码头 　　货运港口 　　机场 　　航站楼、客运站旅客	≤4.8 L/(m²·d) ≤6.0 m³/(m²·a) ≤2.68 m³/(m²·a) ≤0.39 m³/(m²·a) ≤3.72 m³/(m²·a) ≤0.80 m³/(m²·月)	 ≤4.5 L/(人·次)
24	通用仓储	≤15.84 L/(m²·月)	
25	环境卫生管理 　　浇洒场地、道路 　　公厕清洁 　　垃圾房清洗	≤1 L/(m²·d) ≤1.65 m³/(个·d) ≤1 L/(m²·d)	
26	公共设施管理 　　绿化 　　城市公园 　　游览景区	≤0.45 L/(m²·d) ≤9 L/(m²·月) ≤9 L/(m²·月)	

表 6 中用水量已含热水用量,不含空调用水量。除老年人照料设施、托儿所、幼儿园的用水定额中含食堂用水,其他均不含食堂用水。除注明外均不含员工用水,员工用水定额≤33.5 L/(人•班)。医疗建筑用水中已含医疗用水。

除特殊建筑类型和车辆用途外,停车库地面冲洗次数应考虑建筑类型、车库地面性质、停车形式、运行管理方式等因素后综合确定,停车库地面冲洗用水≤1 L/(m²•d),年地面冲洗用水次数≤12 次,机动车停车库内不应设置洗车设施(包括高压水冲洗、洗涤剂清洗、蒸汽洗车等)。

本市现行用水定额的先进值,用于水资源论证、取水许可审批、节水评价,以及限定生活用水年节水用水量的计算值。当本市现行用水定额的先进值与现行国家标准《民用建筑节水设计标准》GB 50555 中节水用水定额的上限值与下限值的算术平均值不一致时,取其较小值。

8.2.2 生活给水系统、生活热水系统用水点处供水压力不应小于用水器具要求的最低工作压力,且不应大于 0.20 MPa。在进行绿色建筑设计时,应对供水系统进行优化设计,充分考虑建筑物用途、层数、使用要求、材料设备性能和运行维护管理,合理、安全、节能地进行竖向分区,采用简便易用、经济有效的减压限流措施,避免超压出流造成的水量浪费。

老年人照料设施建筑、高星级旅馆建筑、医院等因功能需要选用特殊水压要求的用水器具时,如紧急冲淋洗眼器、化学冲淋间冲淋头、水疗专用花洒等,可根据产品要求采用适当的工作压力,但应选用高水效产品,并在设计说明、设备材料表等中予以明确注明。

8.2.3 给水管网漏损水量主要包括阀门故障漏水量、卫生器具漏水量、水池(箱)漏水量、水表计量损失、设备漏水量等,行业标准《城镇供水管网漏损控制及评定标准》CJJ 92—2016 第 4.1.2 条规定:漏损控制应以漏损水量分析、漏点出现频次及原因分析为基础,明确漏损控制重点,制定漏损控制方案。

国家标准《建筑给水排水设计标准》GB 50015—2019 第 3.2.9 条规定:给水管网漏失水量和未预见水量应计算确定,当没有相关资料时,漏失水量和未预见水量之和可按最高日用水量的 8%~12%计。国家标准《绿色建筑评价标准》GB/T 50378—2019 第 6.2.8 条要求管道漏损率低于 5%。行业标准《城镇供水管网漏损控制及评定标准》CJJ 92—2016 第 5.3.1 条规定:城镇供水管网基本漏损率分为两级,一级为 10%,二级为 12%。本条规定给水管网漏损率应控制在 5%以内。

项目设计时,可按表 7 分析主要漏点、漏损原因并采取漏损控制措施,且管网漏损率不得大于 5%。

表 7　给水管网漏损控制

主要漏点	漏损原因	漏损控制措施
阀门故障漏水量	密封性能	非金属弹性密封副阀门泄漏等级应达到 A 级,金属密封副阀门泄漏等级不应小于 D 级
卫生器具漏水量	密封性能	卫生器具的密封性试验时间应比卫生器具国家现行标准规定的试验时间增加 50%,且无渗漏
水池(箱)漏水量	渗漏和溢流	水池(箱)水位应设置监视和溢流报警装置,且水池(箱)水位进水管上应具备机械和电气双重控制功能;当达到溢流液位时,自动联动关闭进水阀门并报警
水表计量损失	计量误差	应根据计量需求和用户用水特性,选配与调整计量表具的类型和口径
设备漏水量	密封性能	设备的密封泄漏量应比国家现行标准的规定值低 10%
管网漏水量	管道破损	管材和管件的密封性能试验时间应比卫生器具国家现行标准规定的试验时间增加 50%,且无渗漏

管网漏损率可按下式计算:

$$R_L = (Q_s - Q_a)/Q_s \times 100\%$$

式中：R_L——漏损率(%)；

　　　Q_s——供水总量(m^3)；

　　　Q_a——用水总量(m^3)。

8.2.4　本市新建政府投资或者以政府投资为主的公共建筑、大型公共建筑和其他学校、医院等公共建筑、住宅建筑应采用可再生能源应用系统，并满足可再生能源综合利用量要求。新建民用建筑可再生能源应用系统设计安装应与建筑能耗水平相适应、与建筑外观形态相协调。其中，新建有集中热水系统设计要求的建筑应根据项目自身特点，核算可再生能源综合利用量，通过技术经济比较，采用适宜的太阳能、空气源热泵或冷凝热回收等热水系统。

　　《中华人民共和国可再生能源法》明确"本法所称可再生能源，是指风能、太阳能、水能、生物质能、地热能、海洋能等非化石能源"，不包括空气能和冷凝热。

　　1　旅馆、医院住院部、老年人照料设施、学校宿舍、公共浴室、全日制或寄宿制的托儿所及幼儿园等常年存在热水需求且用水时段固定，当设有集中热水供应系统时，应选用太阳能、空气源热泵或冷凝热回收等作为热水供应的热源。

　　特大型饭店、大型饭店，以及供餐人数 500 人以上的机关、企事业单位、学校的食堂等，当最高日生活热水量(按 60 ℃计)不小于 5 m^3 且经技术经济比较选用集中热水供应系统时，应选用太阳能或空气源热泵等作为热水供应的热源。

　　无集中沐浴设施的办公楼、商场等的分散用水点，设计小时耗热量≤293 100 kJ/h 或最高日生活热水量(按 60 ℃计)小于 5 m^3 的就地加热的用热水场所(如单个厨房、浴室、生活间等)，车站、机场、商场等附设的快餐店、小吃店、饮品店、甜品站和使用面积小于 500 m^2 的小型饭店、中型饭店等，热水需求量少且不稳定、用水时段短且不固定，一般不宜设置集中热水供应系统，宜采用就地安装小型快速式电、燃气热水器供应热水。这类项目若采用太阳能等可再生能源热水系统,往往一次性投资大、管道循环热损失较大,运行费用较高,管理与收费困难。

剧院演职员、体育场运动员等生活热水需视项目实际情况而定,若有稳定的热水需求,而且设集中热水供应系统较为节能节水、安全可靠时,应采用太阳能或空气源热泵等作为热水供应的热源。

2 太阳能热水系统应符合现行国家标准《民用建筑太阳能热水系统应用技术标准》GB 50364 和现行上海市工程建设规范《太阳能热水系统应用技术规程》DG/TJ 08—2004A 的相关规定。太阳能热水系统的选型应与建筑物类型、使用特点相匹配,并进行太阳能热水系统与建筑一体化应用专项设计。

根据项目情况,可采用集中集热—集中供热、集中集热—分散供热和分散集热—分散供热等不同形式。其中,集中集热—集中供热太阳能热水系统的辅助热源宜采用燃气、空气源热泵等;集中集热—分散供热和分散集热—分散供热太阳能热水系统的辅助热源宜采用燃气、电。

太阳能热水系统设计时,生活热水平均日节水用水定额应不大于现行国家标准《民用建筑节水设计标准》GB 50555 中表 3.1.7 规定的下限值。特大型饭店、大型饭店、中型饭店的热水平均日节水用水定额可取每顾客每次不大于 8 L~12 L。

3 由太阳能提供的生活用热水比例 R 与太阳能保证率 f 是两个不同的概念。

由太阳能提供的生活用热水比例 R 是绿色建筑评价赋分指标,主要针对绿色建筑评价对象,用于衡量完整的一栋建筑或建筑群的可再生能源替代量。

由太阳能提供的生活用热水比例 R=太阳能全年供热量/生活热水全年耗热量。

太阳能保证率 f 是太阳能热水系统的计算参数,为系统中全年由太阳能部分提供的热量占全年系统总负荷的百分率,是衡量太阳能热水系统经济收益、节能效益的综合性指标。上海属于太阳能资源一般地区，年太阳能保证率 f 取值推荐范围为 $40\%\sim50\%$，见表8。

表8　上海地区太阳能热水系统太阳能保证率 f 取值

太阳能热水系统的主要使用季节	太阳能保证率 f	备注
全年使用，冬季太阳能热水量一般	$\geqslant45\%$	推荐
全年使用，冬季太阳能热水量充足	$45\%\sim50\%$	投资规模较大
春、夏、秋季使用为主	$40\%\sim45\%$	投资规模较小

无论利用太阳能是供应生活热水，还是作为生活热水预热，计算由太阳能提供的生活用热水比例 R 时，均以全年为计算周期，以热量为计算对象。

例如，某酒店项目，分成高区、中区、低区三个独立热水供应系统，三个区的生活热水全年耗热量分别为 3 MJ、3 MJ 和 4 MJ。其中，仅有低区采用太阳能热水系统，全年由太阳能提供的热量为 2 MJ。

则该酒店项目由太阳能提供的生活用热水比例：

$$R_1 = 2 \text{ MJ} \times 100\% / (3 \text{ MJ} + 3 \text{ MJ} + 4 \text{ MJ}) = 20\%$$

再如，某大型饭店项目，热水供应系统仅设一个区，采用太阳能热水系统，生活热水全年耗热量为 4 MJ，全年由太阳能提供的热量为 2 MJ。

则该大型饭店项目由太阳能提供的生活用热水比例：

$$R_2 = 2 \text{ MJ} \times 100\% / 4 \text{ MJ} = 50\%$$

4 采用空气源热泵机组直接供热或作为辅助加热能源时，空气源热泵机组宜为低温型。

在冬季设计工况状态下，空气源热泵机组全年平均制热性能系数 COP 宜不小于 2.5，小型机组不应小于 2.1，大中型机组不应小于 2.3。在连续制热运行中，融霜所需时间总和不应超过一个连续制热周期的 20%。

5 常年存在稳定需求的集中热水供应系统,若建筑有可利用的余热或废热,应经技术经济比较,合理利用余热或废热供应生活热水或作为生活热水预热,以提高生活热水系统的用能效率。余热一般指工业余热,废热主要为中央空调系统制冷机组排放的冷凝热、蒸汽凝结水热等。

由余热或废热提供的生活用热水比例=余热或废热设计日供热量(不含辅助加热装置供热量)/生活热水设计日耗热量

8.2.5 公共建筑集中空调系统的冷却水补水量占据建筑物用水量的 30%~50%,减少冷却水系统不必要的耗水对整个建筑物的节水意义重大。循环冷却水系统设计应符合现行国家标准《建筑给水排水设计标准》GB 50015、《工业循环冷却水处理设计规范》GB/T 50050 和《工业循环水冷却设计规范》GB/T 50102 等的规定。

1 冷却塔应设置在空气流通条件好、湿热空气回流影响小的场所。应避免只片面考虑建筑外立面美观等原因,将冷却塔安装区域用建筑外装修过度遮挡;应布置在建筑物最小频率风向的上风侧;应避免将冷却塔设置在有热空气排放口或厨房油烟排放口的场所。

冷却塔安装区域受条件限制存在进、排风口遮挡情况时,宜进行冷却塔热湿环境模拟分析与优化,并采取改善冷却塔安装区域气流组织的有效措施,使冷却塔排风对进风口热湿环境的影响降到最小。

多台、多排冷却塔成组布置时,应综合分析各塔运行时相互干扰的情况,提出保证各塔均能高效、安全运行的控制策略。

2 设计应避免片面增大冷却水流量或提高计算湿球温度的做法,应通过冷机选型与冷却水系统设计的优化,达到冷机侧与冷却侧的最佳综合能效,满足现行上海市工程建设规范《公共建筑节能设计标准》DGJ 08—107 中有关综合制冷性能系数(SCOP)规定值的要求。

3 间冷开式系统的设计浓缩倍数不应小于 5.0,直冷开式系统的设计浓缩倍数不应小于 4.0。改善冷却水系统水质可以保护制冷机组和提高换热效率。应采用物理和化学方法,设置水处理装置(例如冷凝器自动在线清洗、臭氧处理、化学加药等)改善水质,以保护制冷机组、提高换热效率,减少排污耗水量。

4 为避免循环冷却水泵停泵时冷却水溢出,需分别校核集水盘的有效容积、冷却塔集水盘浮球阀至溢流口段的安全容积。

5 冷却塔宜采用变频风机或其他方式进行风量调节。

8.2.6 节水浇灌,是根据植物需水规律及项目所在地供水条件,有效利用天然降水和浇灌水,合理确定浇灌制度,适时、适量浇灌,减少浇灌水的无效损耗,提高浇灌水的利用率的植物浇灌方式。节水浇灌不只是节约浇灌用水量,更要充分利用天然降水。节水浇灌不是浇地,而是浇植物。节水浇灌的核心是使天然降水和浇灌水转化为土壤水,再由土壤水转化为生物水,并尽可能地减少水的无效损耗。

1 浇灌定额

现行国家标准《民用建筑节水设计标准》GB 50555 中规定的"年均灌水定额"仅指特级、一级、二级养护草坪的浇灌用水定额,并未涉及乔木、灌木、三级草坪等的浇灌用水情况。因此,在景观环境施工图设计阶段计算时,不能简单地用"年均灌水定额"乘以"绿地面积"作为项目的绿地浇灌用水量,需先仔细甄别出乔木、灌木、三级和四级草坪等所占的面积,适当考虑这部分绿地浇灌用水量。

2 浇灌方式

绿化应采用喷灌、微灌(微喷灌、滴灌、渗灌、低压管灌)等节水浇灌方式。

节水浇灌专项设计时,喷灌应根据单喷头全圆喷洒、单喷头扇形喷洒、单支管多喷头同时全圆喷洒、多支管多喷头同时全圆喷洒等不同运行方式,确定喷头选型和组合间距,校核设计喷灌强度和喷灌雾化指标,并在喷头有效控制面积图上布置管道系统,注明喷头间距和支管间距。

喷灌在设计风速条件下的喷洒水利用系数、设计喷灌强度、喷灌均匀系数和喷灌雾化指标,应符合现行国家标准《喷灌工程技术规范》GB/T 50085 的规定,并不得产生地表径流。

微灌的设计土壤湿润比、设计灌溉强度、微灌均匀系数,应符合现行国家标准《微灌工程技术规范》GB/T 50485 的规定。

通常,乔木、灌木是无需人工浇灌的,仅草坪有可能需要定期浇灌。草坪根系较浅、连片覆盖、面积较大,从控制运行及维护成本考虑,较宜采用土壤表面喷灌的全部灌水方式,不适合采用微灌根系的局部浇灌方式。微喷灌或垂直绿化、花卉等,宜微灌植物根系土壤局部灌水。

受地下水位、土壤深度、草坪坡度、草坪形态、草坪面积、场地标高、场地排水等诸多因素的制约,仅靠配设点状布置的土壤湿度传感器不一定能够准确、均匀、完整地反映草坪土壤的实际湿润情况。

3 应用面积

90%以上绿化面积采用高效节水灌溉设备或技术,是现行绿色建筑评价的得分要求。但在节水浇灌专项设计时,应根据项目自身特点,通过技术经济比较,确定合适的节水浇灌应用面积,不能机械地照搬 90%以上绿化面积采用高效节水灌溉设备或技术的规定。在无法采用高效节水灌溉设备或技术的区域,应设置坚固耐用、密封性好、操作灵活、运行管理方便,水力性能好的快速取水阀,并应有防冻保护措施。快速取水阀的设置间距应保证移动式地面灌溉软管的长度不大于 200 m。

8.2.7 室内菜市场、停车库的通风、日照等条件相对较差,采用高压水枪冲洗方式易形成气溶胶、热湿污染,不利于阻断水中微生物在空气中的传播。

8.2.8 建筑给水排水管道和附属设施的显著位置应设置明显、清晰、连续和耐久的永久性标识。

应符合现行国家标准《建筑给水排水设计标准》GB 50015、《建筑中水设计标准》GB 50336 和《建筑与小区雨水控制及利用工程技术规范》GB 50400 等的相关规定,采用防止回用雨水、河道水和中水等非传统水误饮、误用和误接的措施:①非传统水管网中所有组件和附属设施的显著位置应配置"回用雨水""河道水"和"中水"等的耐久标识;②管道应涂浅绿色,埋地、暗敷管道应设置连续耐久标志带;③管道上不得装设取水龙头;④当设有取水口时,应设锁具或专门开启工具,且取水口处应配置明显的"回用雨水禁止饮用""河道水禁止饮用"和"中水禁止饮用"等耐久标识。

其他管道的永久性标识的设置可参照现行国家标准《工业管道的基本识别色、识别符号和安全标识》GB 7231 的相关规定。其中,建筑给水排水管道、阀门、分支处应按系统分区设置明显的区分标识和水流方向标识,供水管道上的标识间隔不宜大于 3 m。

8.2.9 敷设在有可能冰冻的房间、地下室及管井、管沟等地方的建筑给水、热水及饮水、非传统水等管道,敷设在管道内水温有可能小于室内露点温度的地方的建筑给水、饮水、非传统水、排水等管道,应根据现行国家标准《建筑给水排水设计标准》GB 50015 的规定,采取防冻、防结露措施。

管道保温绝热层的厚度应经计算确定,并符合现行国家标准《设备及管道绝热设计导则》GB/T 8175、《设备及管道绝热技术通则》GB/T 4272 和现行国家标准图集《管道和设备保温、防结露及电伴热》16S401 等的规定。

室外明设的非金属管道应防止曝晒和紫外线侵害。

8.2.10 生活给水系统、生活热水系统、直饮水供应、游泳池与水上游乐池、循环冷却水系统、水景、绿地灌溉等宜预留水质检测取样点,其设置应符合表 9 的规定。

表 9　水质检测取水点

系统	水质检测取样点	现行相关标准
生活给水系统	1. 用水终端龙头出水点； 2. 水池（箱）出水口	《生活饮用水卫生标准》GB 5749 《二次供水工程技术规程》CJJ 140
生活热水系统	1. 用水终端龙头出水点； 2. 集中热水供应系统进水端	《生活热水水质标准》CJ/T 521
直饮水供应	1. 用水终端龙头出水点； 2. 直饮水供应系统进水端	《饮用净水水质标准》CJ 94
游泳池与水上游乐池	1. 池水； 2. 泳池与游乐池补水点计量水表后	《游泳池水质标准》CJ 244
循环冷却水系统	1. 集中空调循环冷却水系统取样点宜设置在冷凝器进水端； 2. 集中空调循环冷水系统取样点宜设置在蒸发器进水端； 3. 采暖循环水系统取样点宜设置在热交换设备进水端； 4. 蒸发式循环冷却水系统取样点宜设置在冷却塔集水盘处； 5. 补充水取样点宜设置在补充水总管的计量水表后	《采暖空调系统水质》GB/T 29044
水景	1. 水处理设施出水口； 2. 水景补水点计量水表后	《城市污水再生利用 景观环境用水》GB/T 18921
绿地灌溉	1. 水处理设施出水口； 2. 绿地灌溉取水点计量水表后	《城市污水再生利用 绿地灌溉水质》GB/T 25499

8.3　器材与设备

8.3.1　生活用水器具及配件应符合下列规定：

1　提升建筑能效水效水平是推动绿色建筑高质量发展的重点任务。生活用水器具的水效等级分为三级：1级为节水先进值，处于同类产品的领先水平；2级为节水评价值，是节水产品认证的起点水平;3 级为水效限定值,是涉水产品的市场准入指标。

生活用水器具的水效等级应符合现行国家标准《坐便器水效限定值及水效等级》GB 25502、《蹲便器水效限定值及水效等级》GB 30717、《智能坐便器能效水效限定值及等级》GB 38448、《小便器水效限定值及水效等级》GB 28377、《水嘴水效限定值及水效等级》GB 25501、《淋浴器水效限定值及水效等级》GB 28378、《电动洗衣机能效水效限定值及等级》GB 12021.4、《洗碗机能效水效限定值及等级》GB 38383、《反渗透净水机水效限定值及水效等级》GB 34914、《节水型卫生洁具》GB/T 31436 和现行行业标准《节水型生活用水器具》CJ/T 164 等的规定,见表 10。水效等级应不小于 2 级。

表 10　节水型生活用水器具

器具类型			水效等级		备注
			1 级	2 级	
坐便器	平均用水量		≤4.0 L	≤5.0 L	半冲平均用水量不大于其全冲用水量最大限定值的 70%
	双冲式全冲用水量		≤5.0 L	≤6.0 L	
蹲便器	平均用水量	单冲式	≤5.0 L	≤6.0 L	
		双冲式	≤4.8 L	≤5.6 L	
	双冲式全冲用水量		≤6.0 L	≤7.0 L	
智能坐便器	清洗	平均用水量	≤0.30 L	≤0.50 L	半冲平均用水量不大于其全冲用水量最大限定值的 70%
	冲洗	平均用水量	≤4.0 L	≤5.0 L	
		双冲全冲用水量	≤5.0 L	≤6.0 L	
小便器	平均用水量		≤0.5 L	≤1.5 L	
水嘴	洗面器、厨房、妇洗器		≤4.5 L/min	≤6.0 L/min	
	普通洗涤		≤6.0 L/min	≤7.5 L/min	
淋浴器	手持式		≤4.5 L/min	≤6.0 L/min	
	固定式				

器具类型		水效等级		备注
		1级	2级	
洗衣机	波轮式	≤10 L/(cycle·kg)	≤14 L/(cycle·kg)	
	滚筒式	≤6 L/(cycle·kg)	≤7 L/(cycle·kg)	
洗碗机	水效指数	≤45	≤52	水效指数,指洗碗机周期耗水量与标准周期耗水量比值的100倍

高星级旅馆建筑等因功能需要选用特殊要求的淋浴器(花洒)时,应综合考虑现行国家标准《淋浴器水效限定值及水效等级》GB 28378、《节水型卫生洁具》GB/T 31436、《卫生洁具 淋浴用花洒》GB/T 23447、现行行业标准《节水型生活用水器具》CJ/T 164 和本标准第8.2.2 条的规定,见表11。

表11 关于节水型淋浴器(花洒)的相关规定

相关标准	流量	流量试验过程动压
《淋浴器水效限定值及水效等级》GB 28378—2019	水效 1 级:$Q{\leqslant}4.5$ L/min 水效 2 级:$Q{\leqslant}6.0$ L/min	(0.10 ± 0.01)MPa
《节水型卫生洁具》GB/T 31436—2015	流量 1 级:$Q{\leqslant}0.10$ L/s 流量 2 级:$Q{\leqslant}0.12$ L/s	0.10 MPa
	流量 1 级:$Q{\leqslant}0.12$ L/s 流量 2 级:$Q{\leqslant}0.15$ L/s	0.30 MPa
《卫生洁具 淋浴用花洒》GB/T 23447—2009	$Q{\leqslant}0.15$ L/s	0.10 MPa
	$Q{\leqslant}0.20$ L/s	0.30 MPa
《节水型生活用水器具》CJ/T 164—2014	流量 1 级:$Q{\leqslant}0.08$ L/s 流量 2 级:0.08 L/s$<$ $Q{\leqslant}0.12$ L/s	(0.10 ± 0.01)MPa

2 坐便器/净身器、蹲便器和小便器应采用符合现行国家标

准《卫生陶瓷》GB 6952 有关规定的构造内自带整体存水弯的产品，且水封深度不得小于 50 mm。

    3 公用浴室是指学校、医院、体育场馆等建筑集中设置若干数量沐浴设施的公用浴室，以及为住宅、办公楼、旅馆、商场等物业管理人员、餐饮服务人员和其他工作人员集中设置若干数量沐浴设施的公用浴室。

    公用浴室应采用符合现行国家标准《陶瓷片密封水嘴》GB 18145 和《卫生洁具 淋浴用花洒》GB/T 23447 有关规定的带恒温控制与温度显示功能的冷热水混合淋浴器，或设置用者付费的设施、带有无人自动关闭装置的淋浴器。

8.3.2 水泵应选择节能型、低噪声产品。

    1 应分析水泵 $Q\sim H$ 特性曲线，选择 $Q\sim H$ 特性曲线为随流量增大其扬程逐渐下降的水泵。

    根据现行国家标准《清水离心泵能效限定值及节能评价值》GB 19762 的规定，单级单吸清水离心泵、单级双吸清水离心泵和多级清水离心泵的泵效率分为泵能效限定值、泵目标能效限定值和泵节能评价值，按表 12 确定。

表 12 泵效率规定

分类	定义	备注
泵节能评价值	在《清水离心泵能效限定值及节能评价值》GB 19762 规定测试条件下，满足节能认证要求应达到的泵规定点最低效率	
泵目标能效限定值	在《清水离心泵能效限定值及节能评价值》GB 19762 实施一定年限后，允许泵规定点的最低效率	强制性
泵能效限定值	在《清水离心泵能效限定值及节能评价值》规定测试条件下，允许泵规定点的最低效率	强制性

    应根据管网水力计算，分析管网特性曲线所要求的水泵工作点，水泵工作点应位于水泵效率曲线的高效区内。

    2 根据现行国家标准《泵的噪声测量与评价方法》GB/T

29529,水泵噪声划分为 A、B、C、D 四个级别,D 级为不合格。水泵噪声级别不应低于现行国家标准《泵的噪声测量与评价方法》GB/T 29529 规定的 B 级,其运行噪声应符合现行国家标准《民用建筑隔声设计规范》GB 50118 的规定。

根据现行国家标准《泵的振动测量与评价方法》GB/T 29531,水泵振动划分为 A、B、C、D 四个级别,D 级为不合格。水泵振动级别不应低于现行国家标准《泵的振动测量与评价方法》GB/T 29531 规定的 B 级。

3 泵房应采用下列防噪、减振措施:

1) 泵房不应毗邻居住用房或在其上层或下层,水泵机组宜设在水池(箱)的侧面、下方;

2) 应选用低噪声水泵机组;

3) 吸水管和出水管上应设置减振装置;

4) 水泵机组的基础应设置减振装置;

5) 管道支架、吊架和管道穿墙、楼板处,应采取防止固体传声措施;

6) 泵房的墙壁和天花应采取隔音吸音处理。

8.3.3 冷却塔应选择冷效高、寿命长、节能节水型、低噪声产品。

1 冷却塔循环水系统用水效率、冷却塔飘水率、蒸发损失水率、冷却能力、风机耗电比等应符合现行国家标准《节水型产品通用技术条件》GB/T 18870 、《机械通风冷却塔工艺设计规范》GB/T 50392、上海市地方标准《冷却塔循环水系统用水效率评定及测试》DB31/T 961 和《冷却塔能效限定值 能源效率等级及节能评价值》DB31/414 的规定,按表 13 确定。

表 13 冷却塔节水、节能指标规定

冷却塔循环水系统用水效率	≥98%
飘水率	<0.001%
蒸发损失水率	<1%

冷却能力	循环水量>1 000 m³/h	≥98%
	循环水量≤1 000 m³/h	≥96%
风机耗电比	标准塔	≤0.003 kW(m³/h)
	工业塔	≤0.040 kW(m³/h)

2 冷却塔噪声应符合现行国家标准《声环境质量标准》GB 3096 和《工业循环水冷却设计规范》GB/T 50102 的规定,冷却塔环境噪声值不应大于 2 类声环境功能区标准限值。

3 冷却塔应采用下列防噪、减振措施:

1) 冷却塔的位置应远离对噪声敏感的区域;

2) 冷却塔应选用低噪声型或超低噪声型的电机、风机设备;

3) 应在塔顶、集水池水面处设降噪装置;

4) 进水管、出水管、补充水管上应设置防噪、减振装置;

5) 冷却塔基础应设置隔振装置;

6) 建筑上应采取隔声吸音屏障。

8.3.4 生活饮用水水池(箱)应采用符合现行国家标准《建筑给水排水设计标准》GB 50015、《生活饮用水输配水设备及防护材料的安全性评价标准》GB/T 17219 和现行行业标准《二次供水工程技术规程》CJJ 140 和《二次供水运行维护及安全技术规程》T/CECS 509 有关规定的成品水箱。

1 水箱材质为食品级,且成品部件应在厂内制作,主体结构不应采用现场焊接的方式。焊接材料应与水箱同材质,焊缝应进行抗氧化处理。

2 生活饮用水水池(箱)应采取符合现行国家标准《建筑给水排水设计标准》GB 50015 规定的保证储水不变质的措施,并设置消毒装置。消毒剂的选择应符合现行国家标准《饮用水化学处理剂卫生安全性评价》GB/T 17218 的要求。

8.3.5 水表应装设在观察方便、不被暴晒、不致冻结、不易受碰撞、不被任何液体及杂质所淹之处。表具口径在 DN40 以上且用水量较大或流量变化幅度较大的用户水表,其量程比不宜小于200。表具口径在 DN40(含)以下的用户水表,其量程比不应小于 100。

远传水表应符合现行行业标准《民用建筑远传抄表系统》JG/T 162 的规定。有能耗监测要求的远传水表,应采用具有当前累积水流量采集功能并带计量数据输出和标准通信接口的数字水表。建筑水资源管理平台宜对接上级能耗在线监测系统。

水表安装位置应按表 14 确定。

表 14　生活给水系统计量水表安装位置

序号	表级	装表位置		备注
		根据管段位置区分	根据管理对象区分	
1	一级	从城镇生活给水管网接入小区或建筑物的引入管上		1. 水表安装率 100%; 2. 应为远传水表
2	二级	1. 从小区给水干管上接出的接户管起端; 2. 设置贮水调节和加压装置的,从小区给水干管上接出的贮水调节和加压装置的进水管上	1. 根据不同付费或管理要求需计量水量的管段; 2. 根据本标准第 8.1.3 条的规定,需分项分别设置用水计量装置的管段	1. 水表安装率 100%; 2. 应为远传水表
3	三级	支、立管起端		1. 水表安装率 100%; 2. 可非远传水表

8.3.6　建筑给水排水应采用水力条件与密闭性能好、使用寿命长、耐腐蚀和安装连接方便可靠的管材和附件。

1　应采用符合国家现行标准有关规定的水流阻力小、耐腐蚀、抗老化、耐久性能好和安装连接方便可靠的管材和管件。

生活给水系统、生活热水系统可采用薄壁铜管、薄壁不锈钢管、塑料给水管、塑料热水管,并应符合现行国家标准《建筑给水排水设计标准》GB 50015、《薄壁不锈钢管道技术规范》GB/T 29038、现行行业标准《薄壁不锈钢管》CJ/T 151、《建筑给水金属管道工程技术规程》CJJ/T 154、现行团体标准《建筑给水铜管管道工程技术规程》CECS 171、《建筑给水薄壁不锈钢管管道工程技术规程》T/CECS 153、现行国家标准图集《建筑给水铜管道安装》09S407—1 和《建筑给水薄壁不锈钢管道安装》10S407—2 等的规定。

2 应采用符合国家现行标准有关规定的水力条件与密闭性能好、关闭灵活、使用寿命长、耐腐蚀和安装连接方便可靠的水嘴、阀门等活动配件,并应选用便于分别拆换、更新和升级的产品。

水嘴按启闭控制部件数量分为单柄水嘴和双柄水嘴两类,按水嘴控制进水管路的数量分为单控和双控两类,按用途分为普通洗涤水嘴、洗面器水嘴、厨房水嘴、浴缸(含浴缸/淋浴)水嘴、净身器水嘴、淋浴水嘴、洗衣机水嘴等。水嘴寿命宜达到现行国家标准《陶瓷片密封水嘴》GB 18145 要求的 1.2 倍。

阀门包括截止阀、闸阀、蝶阀、球阀、半球阀、调节阀、止回阀、水力控制阀等,阀门材质应耐腐蚀、耐压和耐温,可采用全铜、全不锈钢、铁壳铜芯。阀门寿命宜参照并达到现行行业标准《水力控制阀》CJ/T 219 要求的 1.5 倍。

水嘴、阀门寿命按表 15 确定。

表 15 水嘴、阀门寿命要求

类别			启闭循环次数(次)	
			本标准要求	国家现行标准要求
水嘴	水嘴开关	单柄单孔水嘴	$\geqslant 2.4 \times 10^5$	$\geqslant 2 \times 10^5$
		单柄双孔水嘴	$\geqslant 8.4 \times 10^4$	$\geqslant 7 \times 10^4$
		双柄双孔水嘴	每个控制装置 $\geqslant 2.4 \times 10^5$	每个控制装置 $\geqslant 2 \times 10^5$
	转换开关		$\geqslant 3.6 \times 10^4$	$\geqslant 3 \times 10^4$
	旋转出水管		$\geqslant 9.6 \times 10^4$	$\geqslant 8 \times 10^4$
	抽取式水嘴		$\geqslant 1.2 \times 10^4$	$\geqslant 1 \times 10^4$

类别		启闭循环次数（次）	
		本标准要求	国家现行标准要求
阀门	DN15～DN40	≥7 500	—
	DN50～DN250		≥5 000
	DN300～DN500	≥1 500	≥1 000
	≥DN600	无需试验	

8.4 雨水控制及非传统水利用

8.4.1 海绵城市设计是一个系统工程,设计内容涉及总图、建筑、给水排水、道路、园林景观、勘察、结构、电气等多专业,需多专业间协同,与主体工程同步规划、同步设计、同步建设、同时使用。

与海绵城市相关的给水排水设计文件主要为雨水排水总平面图、雨水集蓄利用设施图。其中,雨水排水总平面图应标明雨水口、检查井和雨水调蓄池位置,雨水排水管线的布置、排水方向、管径、标高和坡度,连接各海绵设施排水管或溢流管的干管、支管坡度、坡向、尺寸和标高,监测设施布置点位,场地排水管线与市政雨水管网的接驳口位置、管径和标高等。雨水集蓄利用设施图应包括雨水集蓄利用设施系统(流程)图、平面布置图、透视图和主要设备材料表等。

目前,本市海绵城市建设指标和要求已纳入建设用地条件、选址意见书、建设用地规划许可证和建设工程规划许可证的审核范围。综合本市各区已发布的海绵城市建设规划中确定的海绵城市建设指标要求,场地年径流总量控制率新建项目普遍不小于70%,改扩建项目一般不小于60%;场地年径流污染控制率新建项目普遍不小于50%,改扩建项目一般不小于40%;场地综合径流系数不应大于0.5。

项目设计时,应以所在地上位城市总体规划和海绵城市规划、项目建设用地条件为主要依据,与城镇排水防涝、河道水系、道路交通、城市绿地和环境保护等专项规划和设计相协调,统筹规划,合理确定径流控制及利用方案。综合运用滞、蓄、净、排、渗、用等多种低影响开发措施,充分利用场地空间设置绿色雨水设施或灰色雨水设施,以绿为主,绿灰结合,有效落实上位规划、项目建设用地条件中的海绵城市建设指标,实现雨水外排的总量和峰值双控制。低影响开发措施可按表16选用。

表 16　低影响开发措施

低影响 开发措施	用地类型							
	居住 用地 (R)	公共设 施用地 (C)	工业 用地 (M)	仓储 用地 (W)	对外交 通用地 (T)	道路广 场用地 (S)	市政设 施用地 (U)	绿地 (G)
透水铺装	★	★	●	●	●	★	●	★
屋顶绿化	★	★	★	●	●	★	★	★
下凹绿地	●	●	★	○	○	★	★	★
生物滞留设施	●	●	★	○	○	★	★	★
管网调蓄	★	★	★	●	★	★	★	●
室外蓄水池(罐)	●	●	●	●	●	●	●	●

注:★ 宜选用;● 可选用;○ 不宜选用。

生物滞留设施按应用位置不同,可分为雨水花园、生物滞留带、高位花坛、生态树池等。生物滞留设施应与屋面雨水断接、路面雨水集水、景观微地形等结合,分散布置,并配设相应的溢流设施。

8.4.2 高层建筑屋面雨水排水系统、满管压力流雨水排水系统应有防止排出口水流冲刷散水、高位花坛等的措施,不得直接采取断接方式。

雨水蓄水池、蓄水罐应在室外设置。

8.4.3 室外水景包括不具娱乐性的非亲水性水景和具娱乐性的亲水性水景两种。

1 非亲水性水景，指以景观功能保障和维护为目的，人体非直接接触的室外水景。例如，不设娱乐设施和不用于娱乐功能的各类景观河道、景观湖泊、景观池塘、静止镜面水景、流水型平流壁流及其他观赏性景观水体等。

室外非亲水性水景不得采用市政自来水和地下井水。

自然界的水体（河、湖、塘等）大都是由雨水汇集而成，结合场地的地形地貌汇集雨水，用于水体的补水，是节水和保护、修复水生态环境的最佳选择。室外非亲水性水景的补水应充分利用场地的雨水资源，不足时再考虑其他非传统水的使用。当建筑临近河道时，在获得当地水务及河道等管理部门批准的前提下，也可采用河道水。取用河道水应计量，河道水的取水量应符合有关部门的许可规定，不应破坏生态平衡。

应做好水景补水量和水景蒸发量的逐月水量平衡，利用雨水或河道水的补水量应大于水景蒸发量的60%，并宜采用保障水景水质的生态水处理技术。

2 亲水性水景，指人体器官与手足有可能接触水体的水景以及会产生漂粒、水雾会吸入人体的动态水景。例如，设有娱乐设施或可供娱乐的景观河道、景观湖泊、景观池塘、冷雾喷、干泉、趣味喷泉（游乐喷泉或戏水喷泉）及其他娱乐性景观水体等。

室内水景及室外亲水性水景的补充水水质，应符合现行国家标准《生活饮用水卫生标准》GB 5749 的规定，从用水安全适用、经济合理角度考虑，不得采用非传统水。

水景补水应按表17确定。

表 17 水景补水

类型		水景补水	备注
室外水景	非亲水性	1. 不得采用市政自来水和地下井水; 2. 应利用雨水或河道水,利用雨水或河道水的补水量应大于水景蒸发量的 60%; 3. 宜采用保障水景水质的生态水处理技术	人体非直接接触
	亲水性	1. 不得采用非传统水; 2. 应符合现行国家标准《生活饮用水卫生标准》GB 5749 的规定	1. 人体器官与手足有可能接触水体; 2. 会产生漂粒、水雾有可能吸入人体
室内水景		1. 不得采用非传统水; 2. 应符合现行国家标准《生活饮用水卫生标准》GB 5749 的规定	

8.4.4 坚持以人为本的理念,打造充满获得感、幸福感、安全感和归属感的生活空间和生态环境是发展绿色建筑的基本要求。正确处理好安全与人本、安全与健康、安全与绿色的关系,在满足卫生安全要求的条件下合理使用非传统水,不因滥用非传统水而对人身健康和建筑环境造成隐患,是推进绿色建筑高质量发展的具体体现。

1 医院、老年人照料设施、全日制或寄宿制的托儿所及幼儿园、室内菜市场不得采用非传统水。

2 学校宿舍、旅馆、酒店式公寓的冲厕、停车库地面冲洗不宜采用非传统水。

3 绿化浇灌、道路浇洒等在采取防止误饮误用措施的条件下,可使用非传统水。绿化喷灌不得采用非传统水。

8.4.5 水质卫生安全要求如下:

1 除部分电厂等采用海水代替淡水资源的冷却水利用工程外,一般公共建筑应慎用非传统水作为冷却水补水。

2 冷却水补水水质应满足现行国家标准《采暖空调系统水质》GB/T 29044 中规定的有关循环冷却水的水质要求。

3 冷却水补水使用非传统水时,必须获得卫生防疫主管部门的批准。

9 供暖、通风和空调设计

9.1 一般规定

9.1.1 室内环境参数标准涉及舒适性和能源消耗,科学合理地确定室内环境参数,不仅能满足室内人员舒适的要求,也可避免片面追求过高标准而造成能源浪费。

房间设计温度、相对湿度和新风量应符合现行国家标准《民用建筑供暖通风与空气调节设计规范》GB 50736 的规定。新风量还应符合现行上海市地方标准《集中空调通风系统卫生管理规范》DB 31/405 第 4.1.3 条中表 1 的规定。

当采用非集中供暖空调系统的建筑,应具有保障室内热环境的措施或预留条件,如分体空调安装条件等。

对建筑物内的强振动设备,如冷冻机、水泵、冷却塔、大型风机等应进行有效隔振处理。

室内过渡空间是指门厅、中庭、高大空间中超出人员活动范围的空间,由于其较少或没有人员停留,可适当降低温度标准,以达到降低供暖空调用能的目的。人员短期逗留区域空调供冷工况室内设计参数宜比长期逗留区域提高 1 ℃～2 ℃,供热工况宜降低 1 ℃～2 ℃。

9.2 冷热源

9.2.1

1 余热或废热利用是节能手段之一,可提高一次能源利用效率。优先使用此类热源,还利于大气环境保护。余热或废热提供的能量不少于建筑物供暖设计日总量的 40%、供暖设计日总能量的 30%。

2 由可再生能源提供的空调用冷量和热量比例不低于 20%。

3 应用分布式热电冷三联供技术,必须进行技术与经济论证,从负荷预测、系统配置、运行模式、经济和环保效益等多方面对方案做可行性分析,原则是:以热定电,热电平衡,全年运行时间数不小于 3 000 h,能源利用效率需达 70% 以上。

对于单一功能建筑或对热有需求的建筑,可采用热电二联供方式,对"冷"不做强制要求,运行小时数和能源利用率要求不小于三联供系统。

4 蓄能设施虽自身不节能,但本市有分时电价政策,可为用户节省空调系统的运行费用,提高电厂和电网的综合效率。设计需保证:蓄冷系统提供的冷量至少达到设计日冷量的 30%,当采用电蓄热时,应利用夜间低谷电进行蓄热,不仅能满足室内人员舒适的要求,也可避免片面追求过高标准而造成能源浪费。

9.2.2 强调设备容量的选择应以计算为依据,避免盲目选择过大的空调设备而造成浪费。

空调系统在全年大多时间内,并非在 100% 设计负荷下工作,在确定空调冷热源设备和空调系统形式时,要求充分考虑和兼顾部分负荷时的运行效率。

9.2.3 空调冷、热源机组等设备能效应满足上海市工程建设规范《绿色建筑评价标准》DG/TJ 08—2090 中第 6.2.5 条的规定,详见表 18。

9.2.4 在冬季当建筑物外区需要供暖时,较大内区仍然需要供冷,如大型商业、办公楼。采用水环热泵等具有热回收功能的空调系统可将内区热量转移至建筑物外区,同时满足外区供暖和内区供冷的需要,这样可减少外区供暖能耗。

表 18 空调冷、热源机组等设备能效

机组类型		能效指标	主要参照标准	评分要求	
电机驱动的蒸气压缩机循环冷水(热泵)机组		制冷性能系数(COP)	现行上海市工程建设规范《公共建筑节能设计标准》DGJ 08—107	提高 6%	提高 12%
溴化锂吸收式机组	直燃型	制冷、供热性能系数(COP)		提高 6%	提高 12%
	蒸汽型	单位制冷量蒸汽耗量		降低 6%	降低 12%
单元式空气调节器、风管送风式、屋顶式空调机组		能效比(EER)		提高 6%	提高 12%
多联式分体空调(热泵)机组		制冷综合性能系数(IPLV)		提高 8%	提高 16%
房间空气调节器		能效比(EER)		提高 3%	提高 6%
燃气锅炉		热效率		提高 1 个百分点	提高 2 个百分点
热泵热水机(器)		性能系数(COP)	国家现行相关标准	节能评价值	1 级能效等级限值
家用燃气快速热水器和燃气采暖热水炉		热效率(η)			
得分要求				5 分	10 分

9.2.5 过渡季和冬季时具有一定供冷量需求的建筑,采用冷却塔提供空调冷水的方式,减少了全年运行冷水机组的时间,是一种值得推广的节能措施。

9.2.6 锅炉的烟气温度通常可达 180 ℃以上,在烟道上安装烟气冷凝器可回收烟气热量。

9.3 水系统

9.3.1 目前,由于冷水机组和末端空调设备性能已大为提高,加大空调供回水温差,可减小冷热水流量,节省输送能耗及管材,因此将冷水供回水温差从通常 5 ℃增大到 6 ℃及以上,最小热水供回水温差定为 10 ℃。

在同一空调水系统中的 AHU、PAU 和风机盘管可采用不同的水温差,以此可提高系统水温差,获得更加节能的效果。

9.3.3 空调水系统布置和选择管径时,尽量减少并联环路间的压力损失的相对差值。当超过 15%时,设置水力平衡阀可以起到较好的平衡调节作用。

9.4 风系统

9.4.1 空调系统排风采用热回收措施具有节能效果,热回收装置的设置原则如下:

1 排风量与新风量的比值应满足房间压力的要求。

2 新风量等于大于 5 000 m³/h 的空调系统,宜设置排风热回收装置。其全热和显热的额定热回收效率(在标准测试工况下)不低于 60%;热回收装置应有旁通措施。

3 有人员长期停留,且不设置集中新、排风系统的空调房间,宜安装带热回收功能的双向换气装置。其额定热回收效率不低于 55%。

4 室内游泳池空调冬季排风宜采取热回收措施。

9.4.2 当室外空气比焓值低于室内空气比焓值时,优先利用室外新风消除室内热湿负荷利于节能。

对于全空气空调系统,宜采取全新风运行或可调新风比措施:

1 除核心筒采用集中新风竖井外的全空气空调系统应具有可变新风比功能,所有全空气空调系统的最大总新风比不应低于 50%。

2 服务于人员密集的大空间和全年具有供冷需求的区域的全空气定风量或变风量空调系统,可达到的最大总新风比不宜低于 70%。

对于风机盘管加集中新风的空调系统,也可适当加大新风量,例如在内区面积较大办公、会议、医院诊疗室、商业、餐厅等区域,在非空调季节,采用最大风量送新风,在空调季节,则采用最小新风量送新风。

当采用全新风或可调新风比时,空调排风系统的设计和运行应与新风量的变化相适应,与新风量相匹配;新风口和新风管的大小应按最大新风量来设计。

9.4.3 在大型建筑物中,有不同的功能区,不同的朝向,还存在空调内区、外区,空调负荷情况复杂。因此,合理划分空调系统,既能满足室内空气参数的要求,又能达到运行节能效果。

9.4.4 粗、中效空气过滤器的性能应符合现行国家标准《空气过滤器》过滤器的有关规定:

1 粗效过滤器的初阻力小于或等于 50 Pa(粒径大于或等于 2.0 μm,效率小于 50%且大于 20%);终阻力小于或等于 100 Pa。

2 中效过滤器的初阻力小于或等于 80 Pa(粒径大于或等于 0.5 μm,效率小于 70%且大于 20%);终阻力小于或等于 160 Pa。

根据目前本市室外空气的质量状况,建议设置过滤性能不低于粗、中效的两级空气过滤器,特别对于人员密集空调区域或空气质量要求较高的场所,其全空气空调系统宜设置空气净化、杀菌装置。

空气过滤器及空气净化、杀菌装置的设置,应符合现行国家标准《民用建筑供暖通风与空气调节设计规范》GB 50736 中的相关规定。

9.4.6 本条强调产生污染物和异味的空间,如卫生间、餐厅、地下车库、厨房、垃圾间、隔油间等,为避免其在室内间串味,应设置机械排风,并保证负压,新风入口和排风出口等应符合现行上海市地方标准《集中空调通风系统卫生管理规范》DB 31/405 的规定,防止短路。对于厨房等油烟排放应设置静电等油烟净化处理装置,排放标准不高于现行上海市地方标准《餐饮业油烟排放标准》

DB 31/844 中规定的 1 mg/m³,油烟净化设备的油烟去除效率不低于 90%;对于产生异味的房间,如厨房、垃圾间、隔油间,宜设置除异味装置;对于生活垃圾收集站,应设置通风除尘、除臭、隔声等环境保护措施,尽量降低对室内外的影响。

9.4.7 采用变频变流量技术是目前各种变流量技术中最为方便、有效的方式,可节省风机的输送能耗。

9.4.8 气流组织分析宜采用射流公式校核计算或进行相应的数值模拟分析,确保室内的环境参数达到设计要求。

分层空气调节系统,是指利用合理的气流组织,仅对高大空间的下部人员活动区域进行空调设置,不仅可满足人员舒适度要求,且具有较好的节能效果,常用于中庭、门厅、剧场、大型宴会厅、体育场馆等。当采用分层空气调节系统时,宜采用侧送下回的气流组织形式。

近年来,辐射空调技术发展迅速,在高大空间中采用该技术,可以提高舒适性,并取得显著的节能效果。

9.5　计量与控制

9.5.1 为了节能与舒适,空调与供热系统应配置必要的监测与控制,但实际情况复杂,设计时要求结合具体工程通过技术经济比较确定控制内容。

9.5.2 实行集中供热的建筑应当安装供热系统调控装置、用热计量装置和室内温度调控装置。

9.5.3 如果建筑的冷热源系统不能随时根据室外气候与室内负荷的变化进行必要和有效地调节,势必造成能源浪费。本条要求在冷热源系统设计中就应考虑适应不同运行模式所需的自控系统。

9.5.4 设置温湿度监测装置是为了验证热回收装置的实际节能效果。当排风量小于 5 000 m³/h 时,排风热回收装置可不做检测,但每个工程至少需要检测 1 台;当采用显热回收时,新风、排风的湿度可不做监测。为保证热回收装置正常工作和新风品质,热回收装置(包括过滤器)两侧同样需要进行阻力监测。

9.5.5 大型商场、多功能厅、展览厅、报告厅、大型会议室、体育馆、机场候机厅、剧院、大型餐厅等场所的人员密度较大(人员密度超过 0.25 人/m²),当采用全空气空调系统时,宜采用新风需求控制,即在每个空调系统的回风口附近至少设置一个 CO_2 浓度传感器,根据 CO_2 浓度调节此区域的新风量;对于人员较多且密度随时间有基本变化规律的场所,也可根据设定的时间段改变新风阀的开度,满足卫生和节能需求。

有条件时,公共建筑主要功能房间宜设置空气质量监测系统,对 PM_{10}、$PM_{2.5}$、CO_2 浓度分别进行定时连续测量、显示、记录和数据传输,监测系统对污染物浓度的读数时间间隔不得长于 10 分钟。

9.5.6 汽车库不同时段车辆进出频率有很大的差别,室内空气质量也随之有很大变化。为了保持车库内空气品质良好与节能的需要,应设置 CO 浓度传感装置控制通风系统运行,即在每个排风系统的排风口附近至少设置一个 CO 浓度传感器,根据地库建筑面积大小,每 300 m²~500 m² 设置一个 CO 传感器,根据这个 CO 浓度控制此区域的排风和补风风机的启停或变速运行。CO 浓度传感器的安装位置不应位于汽车尾气排放位置,同时也要避开送排风机附近气流直吹位置。

10　电气设计

10.1　一般规定

10.1.4～10.1.5　根据国家现行标准要求及技术发展,增加了对LED灯的要求。

10.2　供配电系统

10.2.1　变电所、配电室位置靠近负荷中心设置,可有效地减少配电线路的长度,从而较少电力线路传输损耗,同时降低电压损失,提高配电设备的电源质量。

10.2.2　太阳能光伏发电、风力发电等系统的建立应通过严谨的技术经济分析来确定系统形式,并使用技术成熟的产品,以达到系统的高效、稳定。光伏、风力发电设备体积较大,一旦处理不当,就容易造成对景观的不良影响,如果安装不当还会造成高空坠物等安全隐患。风力发电的运行还须注意噪声对周围人居环境的影响。

当项目地块采用太阳能光伏发电系统或风力发电系统时,应征得有关部门的同意,优先采用并网型系统。因为风能或太阳能是不稳定的、不连续的能源,采用并网系统与市政电网配套使用,则系统不必配备大量的储能装置,可以降低系统造价使之更加经济,还增加了供电的可靠性与稳定性。当项目地块采用太阳能光伏发电系统和风力发电系统时,建议采用风光互补发电系统,如此可综合开发和利用风能、太阳能,使太阳能与风能充分发挥互补性,以获得更好的社会经济效益。

10.2.3 燃气冷热电联供系统是一种建立在能量的梯级利用概念基础上,以天然气为一次能源,产生热、电、冷的联产联供系统。它以天然气为燃料,利用小型燃气轮机、燃气内燃机、微燃机等设备将天然气燃烧后获得的高温烟气首先用于发电,然后利用余热在冬季供暖;在夏季通过驱动吸收式制冷机供冷;同时还可提供生活热水,充分利用了排气热量。年平均能源的综合利用率提高到80%左右,大量节省了一次能源。这是一种成熟的能源综合利用技术,它具有靠近用户、梯级利用、一次能源利用效率高、环境友好、能源供应安全可靠等特点,因此在合适的情况下应优先采用。

10.2.4 民用建筑内电磁兼容性不仅涉及机电设施(包括供配电系统、电子与信息系统等用电设备)之间的电磁兼容问题,还涉及人与电磁环境的兼容问题,其重点是人的电磁环境卫生。因此,为了确保民用建筑电磁环境卫生,有必要采取有效措施,使电磁环境得到有效的控制以消除和减少危害。供配电设计应符合现行国家标准《建筑电气工程电磁兼容技术规范》GB 51204 的相关规定。

10.2.5 电动车充电设施包括电动汽车和电动非机动车,充电设施的配电设计应符合国家和本市现行标准的要求。

10.3 照明系统

10.3.1 在照明设计时,应根据照明部位的自然环境条件,结合天然采光与人工照明的灯光布置形式,合理选择照明控制模式。

当项目经济条件许可的情况下,为了灵活地控制和管理照明系统,并更好地结合人工照明与天然采光设施,宜设置智能照明控制系统以营造良好的室内光环境,并达到节电的目的。如当室内天然采光随着室外光线强弱变化时,室内的人工照明应按照人工照明的照度标准,利用光传感器自动启闭或调节部分灯具。

10.3.2　选择适合的照度指标是照明设计合理节能的基础,在现行国家标准《建筑照明设计标准》GB 50034 中,对居住建筑、公共建筑、工业建筑及公共场所的照度指标分别做了详细的规定,同时规定可根据实际需要进一步提高或降低一级照度标准值。在办公室等功能明确且照度要求较高的房间,应采用一般照明和局部照明相结合的方式。由于局部照明可根据需求进行灵活开关控制,从而进一步减少能源的浪费。

10.3.4　选用高效照明光源、高效灯具及其节能附件,不仅能在保证适当照明水平及照明质量时降低能耗,而且还减少了夏季空调冷负荷从而进一步达到节能的目的。

在选择光源时,不单是比较光源价格,更应进行全寿命期的综合经济分析比较,一些高效、长寿命光源(如发光二极管灯),虽价格较高,但使用数量减少,运行维护费用降低,经济上和技术上是合理的。

近年来,半导体照明技术得到了快速发展,传统光源有被发光二极管灯逐步替代的趋势,不仅光效逐年提高,节能效果显著,而且其具有寿命长、可控性好、可瞬时启动等特点,因此得到了更多的应用。

当选用发光二极管灯时,其色温、显色性、色容差等技术指标应符合现行国家标准《建筑照明设计标准》GB 50034 中的相关规定。

10.3.5　眩光可导致人视觉不舒适甚至丧失明视度,是引起视觉疲劳的重要原因之一。照明设计不当使照明系统不但起不到应有的作用,反而造成光污染。因此,在设计中必须避免。眩光值的指标应满足现行国家标准《建筑照明设计标准》GB 50034 中有关要求,在绿色建筑中作为控制项来要求。

10.4　电气设备节能

10.4.1　配电系统中,变压器等主要耗能设备的能耗占总能耗的

2%～3%,故变压器自身的节能问题非常重要。此外,配电线路的能耗问题也值得关注。由于许多建筑内大量使用电力电子设备,其谐波状况比较严重,故变压器负载率不宜过高,且[D,Yn11]结线组别的变压器具有缓解三相负荷不平衡、抑制三次谐波等优点。

10.4.2 电梯是高层建筑中不可或缺的一部分,尤其是上海高层建筑林立,电梯被大量使用于建筑之中。但值得注意的是,电梯断续工作,启停频繁,功率因数较低,易造成电网波动。因此,作为绿色建筑,不应追求使用的舒适性而忽视电梯选择的合理性,应选用数量及各项参数合理的电梯以及合理、智能的电梯系统,减小其对电网的影响。当同一电梯厅2台及以上的客梯集中布置时,客梯控制系统应具备按程序集中调控和群控的功能,以降低电梯运行能耗。

10.4.3 自动扶梯与自动人行道在商场、机场等地被大量使用,当电动机在重载、轻载、空载的情况下均能自动获得与之相适应的电压电流输入,保证电动机输出功率与扶梯实际荷载始终得到最佳匹配,达到节电运行的目的。且这些建筑都有很明显的低峰时间段,在低峰时间段自动扶梯与自动人行道会有很长的闲置时间,如仍然正常运作,不但不节能,还会减少设备寿命,因此,自动扶梯与自动人行道应装设智能感应系统,有人使用时正常运作,无人使用时低速运作甚至不运作,可有效降低能耗。

10.5 计量与智能化

10.5.1 本条为强制性条文,必须严格执行。

大型公共建筑指建筑面积在 2 万 m² 以上的公共建筑。公共建筑设置建筑设备能耗监测系统,可利用专用软件对以上分项计量数据进行能耗的监测、统计和分析,以最大化地利用资源,最大限度地减少能源消耗。同时可减少管理人员的配置。此外,在现行行业标准《民用建筑节能设计标准》JGJ 26 中要求其对锅炉房、热力站及每个独立的建筑物设置总电表,若每个独立建筑物设置总电表较困难时,应按照照明、动力等设置分项总电表。对能源消耗状况实行监测与计量,这些计量数据可为将来运营管理时按表收费提供可行性,同时可以及时发现、纠正用能浪费现象。

　　新建大型公共建筑和政府办公建筑应设置建筑能耗监控中心(室)。能耗计量系统监控中心(室)可单独设置,其机房应符合现行国家标准《智能建筑设计标准》GB 50314 的相关要求;也可与智能化系统设备总控室合用机房和供电设施。计量装置宜集中设置。

10.5.2 对于改建和扩建的公共建筑,在条件允许的情况下,应进行分项计量。有些既有建筑已经设置了低压配电监测系统,实施时应优先考虑利用原有系统;当原有配电监测系统设计的表计满足分项计量系统要求时,可利用原有系统,采用合理形式将配电监测系统数据纳入分项计量系统中。当原有配电监测系统设置的表计无远传功能时,更换或增加符合本标准要求的具有远传功能的电能表。这样可以大大减少设置表计和数据采集器的数量。

　　对于出租单元已设置物业收费的分户计量,就没有必要按空调、照明与插座等设置分项计量。

10.5.3 绿色建筑不应各自为政将自己作为孤立的个体,应及时将建筑运行情况上报有关部门,方便统一管理。因此,在设置能耗计量系统时,必须注意与上级部门接口的设置。

10.5.4 设置建筑设备监控管理系统对照明、空调、给排水、电梯等设备进行运行控制,以实现绿色建筑高效利用资源、灵活管理、应用方便、安全舒适等要求,并可达到节约能源的目的。